编织自己的

结艺美饰

●展坤 主编

辽宁科学技术出版社

·沈阳·

本书编委会

主 编 展 坤

编 委 廖名迪 谭阳春 吴 斌 李玉栋 贺梦瑶

图书在版编目（CIP）数据

编织自己的结艺美饰 / 展坤主编. -- 沈阳：辽宁
科学技术出版社，2013.5
ISBN 978-7-5381-7998-9

I . ①编… II . ①展… III . ①绳结—手工艺品—制作
IV . ① TS935.5

中国版本图书馆 CIP 数据核字（2013）第 065059 号

如有图书质量问题，请电话联系
湖南攀辰图书发行有限公司
地址：长沙市车站北路 649 号通华天都 2 栋 12C025 室
邮编：410000
网址：www.penqen.cn
电话：0731-82276692　82276693

出版发行：辽宁科学技术出版社
　　　　　（地址：沈阳市和平区十一纬路 29 号　邮编：110003）
印 刷 者：长沙市永生彩印有限公司
经 销 者：各地新华书店
幅面尺寸：143mm × 210mm
印　 张：5
字　 数：100 千字
出版时间：2013 年 5 月第 1 版
印刷时间：2013 年 5 月第 1 次印刷
责任编辑：郭 莹 攀 辰
封面设计：颜治平
版式设计：攀辰图书
责任校对：合 力

书　 号：ISBN 978-7-5381-7998-9
定　 价：22.80 元
联系电话：024-23284376
邮购热线：024-23284502

中华民族艺术源远流长、博大精深，蕴含着人类独特的文化记忆和民族情感，于历史舞台上世代相承。中国结发展到今天，已由传统的中国结艺，演变为现代的时尚创意中国结。

"传播中国民间艺术 缔造民族经典品牌"是我心中的梦想，为了实现这个梦想，创业数年来，一直奔波在市场开发和产品创新的道路上，并把自己的手艺和信念传播于社会各个阶层，经常受邀定期举行民间艺术绳结的公益讲座。培训学员会员数千人，受到江苏电视台、南京电视台、江宁电视台等多家媒体的报道和宣传。并通过产品制造和销售创造了部分失业和无法就业的社会闲置人员有份收入的机会。

《编织自己的结艺美饰》主要介绍了各种女性时尚结艺饰品的编织方法，在讲述基础知识的同时，分别对发箍、发夹、发簪、项链、手链、脚链等多种饰品进行了详细的步骤分解，图文并茂，简单易懂。给热爱结艺编织的手工爱好者提供了一本优秀的参考图书，助你成为一个手艺精湛的结艺饰品编织达人。

展坤

2013 年 4 月 22 日于南京

目录

CONTENTS

JICHU ZHISHI

基础知识>>

线材

　　编制结饰时，最主要的材料是线，线的种类很多，包括丝、棉、麻、尼龙、混纺等，都可用来编结，采用哪一种线，得看要编哪一种结，以及结要做何用途而定。一般来讲，编结的线纹路愈简单愈好，一条纹路复杂的线，虽然未编以前看来很美观，但是用来编中国结，不但结的纹式尽被吞没，线的本身具有的美感也会因结线条的干扰而失色。

　　线的硬度要适中，如果太硬，在编结时操作不便，结形也不易把握；如果太软，编出的结形不挺拔，轮廓不显著，棱角不突出，但是扇子、风铃等具有动感的器物下面的结，则宜采用质地较软的线，使结与器物能合二为一，在摇曳中具有动态的韵律美。

　　谈到线的粗细，首先要看饰物的大小和质感。形大质粗的东西，宜配粗线；雅致小巧的物件，则宜配以较细的线。譬如壁饰等一类室内装饰品，则用线比较自由，不同质地的线，就可以编出不同风格的作品。

　　选线也要注意色彩，为古玉一类古雅物件编装饰结，线宜选择较为含蓄的色调，诸如咖啡色或墨绿色；为一些形式单调、色彩深沉的物件编配装饰结时，若在结中夹配少许色调醒目的细线，譬如金、银或者亮红，立刻会使整个物件栩栩如生、璀璨夺目。

玉线

金线

玉线

4 号线

5 号线

6 号线

工具

　　在编较复杂的结时，可以用珠钉来固定线路。一根线要从别的线下穿过时，也可以利用镊子和锥子来辅助。结饰编好后，为固定结形，可用针线在关键处稍微钉几针。另外，为了修多余的线，一把小巧的剪刀是必备的。

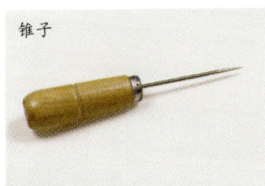

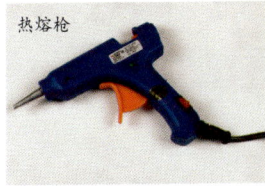

锥子

打火机

尖嘴钳

剪刀

胶棒

热熔枪

针

珠针

镊子

配饰

　　一件好的中国结作品，往往是结饰与配件完美结合，很多结饰用圆珠、管珠镶嵌在结的表面上，还可用各种玉石、配饰、陶瓷、珐琅等饰物做坠子装饰结饰。

DIY 发箍

DIY 发棍

DIY 发夹

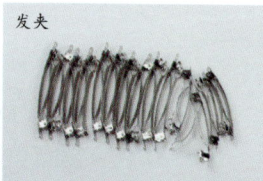

发夹

发绳

花托

水晶配饰

金属圈

玉饰

玉珠

中国结的编制与设计

　　中国结的编制，大致分为基本结、变化结及组合结三大类，其编结技术，除需熟练各种基本结的编结技巧外，均具共通的编结原理，并可归纳为基本技法与组合技法。基本技法乃是以单线条、双线条或多线条来编结，运用线头并行或线头分离的变化，做出多彩多姿的结或结组；组合技法是利用线头延展、耳翼延展及耳翼勾连的方法，灵活地将各种结组合起来，完成一组组变化万千的结饰。

　　学习中国结艺的最后阶段是自行设计作品。设计一组美观大方的结饰，最重要的是先确定其用途和功能，再决定其大小和形状，同时考虑颜色的搭配和配饰的适当运用。饰品的应用讲究细腻精致、古朴优雅。只要将配饰和结组灵活运用，将自己的艺术灵感融注其中，便能充分表现出中国传统艺术之美。

中国结的编制步骤

　　结形、颜色与饰物要搭配得当，大小相宜。

　　线的两端用珠针使它硬直，开始时与线的间隔可留宽些。

　　线路较复杂时，可用珠针固定，镊子可辅助抽拉。

　　认清线路位置，如有错误，应立即调整。

　　灵活运用中国结式的意义及典故，加小配饰。

　　抽形，先将结心拉紧，以防变形；再调整耳翼大小、形状。

　　用锥子或镊子调整线路，注意结形是否美观。

　　认清方向，先抽哪个线头和保留几个结耳。

修整，以颜色相同的细线，将易松散部位缝牢。

镶上相配的小珠子，以增添结饰的美观。

可以在结的尾端，编一个简单的小结，也可穿上珠子或饰物。

线头的处理要隐蔽，以免破坏美感。

编

根据结式和配饰，选定质地与色彩适宜的线以后，就可以开始编了。初学者不易把握编每一种结大约需要多长的线，就不妨截取一段较长的线来编。

如果结式要配个饰物做坠子，开始编时就要先将饰物穿在线的正中央，然后依照图解的步骤，按部就班地去编。

线路较为复杂的结式，常令初学者眼花缭乱，可以用珠针逐步将线固定在硬纸盒上慢慢编，盒子颜色宜浅，这样才不费眼力。编时一面要注意线路走向，辨清线与线的关系，一面要留意线的纹路是否平整，尽量不要扭折。线与线之间的空间不妨留得宽一点，线路穿越会比较容易。

线条太密时，可以借用粗钩针或镊子帮助线头穿越，钩针不可太尖锐，以免把线钩伤，产生"起毛"或"出絮"的现象，影响整个结的美观。

抽

编的步骤完成之后，要将结抽紧定型，这是整个编结过程中最重要也最困难的步骤。抽时不可操之过急，先认清要抽的那几根线，然后同时均匀施力，慢慢抽紧，并且随时注意编线有没有发生扭曲的现象。先将结的主体抽紧之后，再开始调整它的耳翼，自结的起端将多余的线向线头的方向依次推移集中。在此操作之中，绝对不能让结的主体松散，而且若遇线段扭曲，要一边抽，一边用拇指与食指转动线段，或者借用镊子施力，使之平展过来。往往由于抽的方法不同，可得不同形状的结，这项技术的好坏，也会直接影响到结的外观之美丑。所以在抽的时候，一定要有耐心。

修

结形调整得完全满意之后，为了使之保持完美的状态，有些容易松散之处，或垂挂饰物的着力处，最好选择与结同色的细线，很技巧地缝上几针，结就不会变形了。通常结的上下两头是吃力之处，得用针线固定。缝时针脚要注意藏好，不要露出痕迹。结式固定之后，可以在适当的地方缝镶上颜色相配的珠子，以增华美。珠孔够大的珠子，可以在编的时候就穿在线上编进结中。通常珠孔都比

线小，所以只好在结式固定以后再缝上去。接下来就可以再打一个简单的小结，或穿上大珠子等饰物来收束整个结。此处选用的饰物也要注意颜色、形状和大小等能否与结的主体搭配得当。总之，结在编好、抽好之后，修的工夫还是不能马虎，在细节处更能体现力求完美的工艺精神。

>> 结艺美饰
之发箍、发夹

错位平结发箍

发箍可以将发型变得更美、更漂亮，衬托女性的本身气质。

材料：

DIY 发箍 1 个

红色 5 号线：200cm1 根　150cm3 根

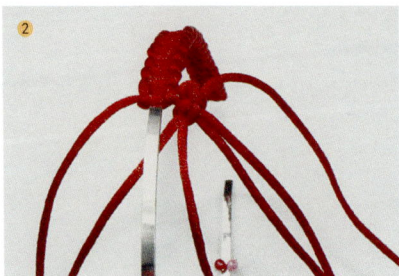

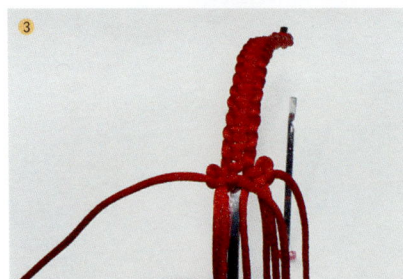

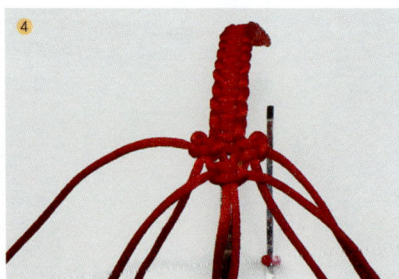

制作过程

1. 取 1 根 200cm 红色 5 号线以双平结的方式编在发箍上，编 20 层左右。

2~3. 另取 3 根 150cm 红色 5 号线对折，与之前 2 根线分成 2 组，各编 1 层双平结。

4. 中间 4 根线编 1 层双平结。

5. 两边再各编 1 层双平结，以此类推往下编。

6. 编到合适长度。

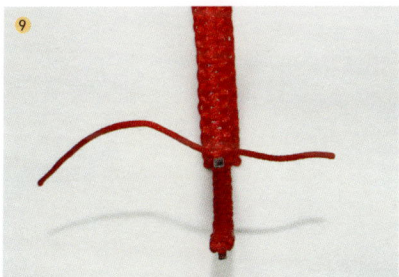

7~8. 编到合适长度后，除中间 2 根线留下外，其余的剪断烧黏。

9. 剩下的 2 根线继续编双平结，将发箍编进去。

10~11. 剪掉余线烧黏，作品完成。

单平结发箍

用单平结编制的作品，快让发箍提升甜美度，来为自己的魅力加分。

材料：

DIY 铁丝头箍 1 根

紫色 5 号线：200cm1 根

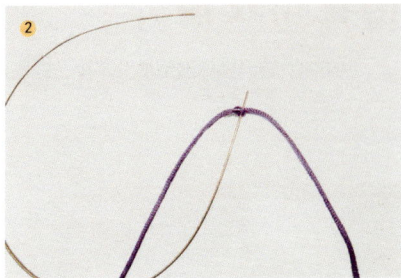

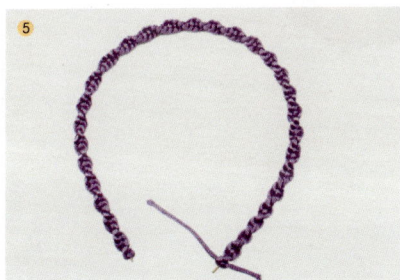

制作过程

1~2. 裸铁丝头箍1根，另取1根200cm长紫色5号线对折系在发箍上拉紧。

3~4. 以铁丝为主线编单平结。

5~6. 编完后，剪掉余线烧黏，作品完成。

梅花结发箍 ·······

甜美的发箍给整体造型加分不少，轻松塑造出清新可人的形象。

材料：

DIY 发箍 1 个　热熔胶棒

红色 5 号线：200cm1 根　20cm2 根

深红色 5 号线：50cm2 根

橙色 5 号线：20cm2 根

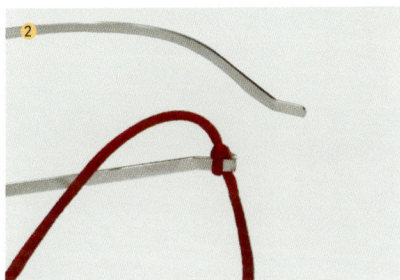

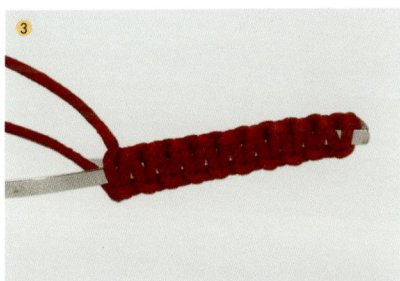

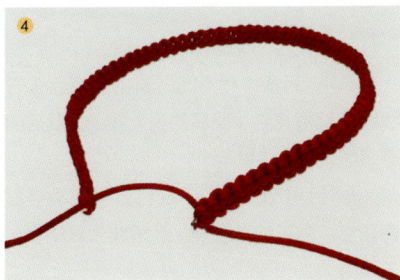

制作过程

1. 取 1 根裸头箍。

2~3. 另取 1 根 200cm 长红色 5 号线编双平结包住头箍。

4. 编至结尾处。

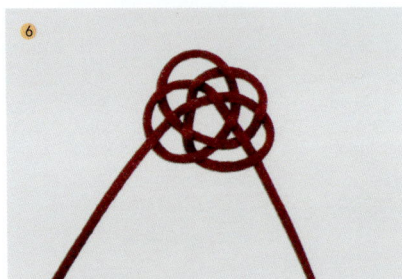

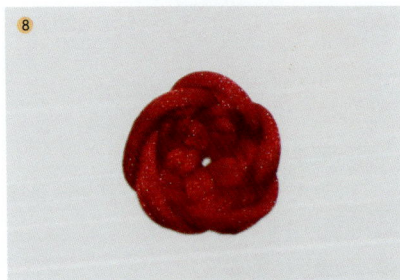

5. 剪掉余线烧黏。

6~7. 另取 1 根 50cm 长的深红色 5 号线编 2 层梅花结（圈留的稍大些），然后剪断余线烧黏，共做两个。

8. 另用 20cm 长的红色 5 号线编 2 层梅花结（圈留的稍紧些），剪断余线烧黏，共做两个。

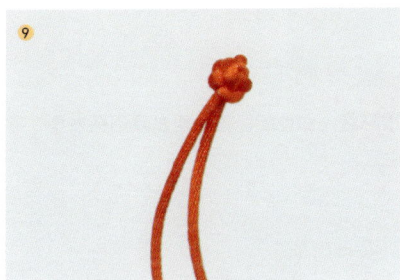

9. 另取1根20cm橙色5号线编1个纽扣结，共做两个。

10~11. 依次将3个结粘好。

12. 共编2朵。

13. 用热熔胶将编好的花和头箍粘好，作品完成。

三股辫子发箍

不必羡慕偶像剧里面的女主角佩戴发箍都很好看，你也能轻松使用发箍巧搭发型，提升自己的甜美度。

材料:

DIY 塑料宽发箍 1 个　热熔胶棒　深紫色细流苏线若干

深紫色 5 号线：50cm3 根

乳白色 5 号线：50cm6 根

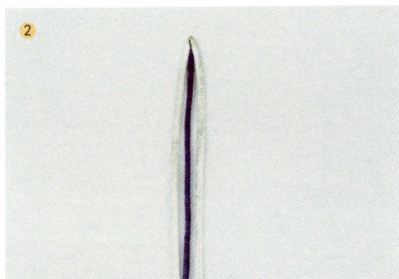

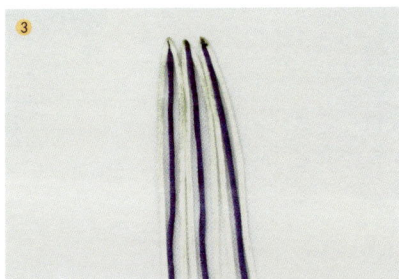

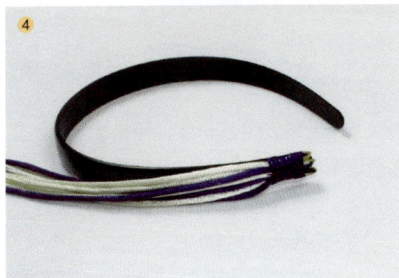

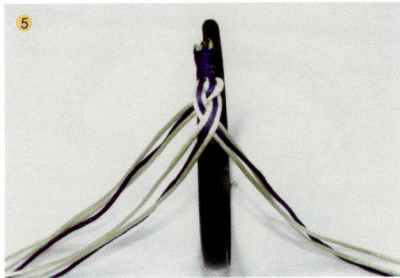

制作过程

1. 准备裸发箍 1 个。

2~3. 取 3 根 50cm 长的 5 号线 2 根乳白色，1 根深紫色如图粘好，共 3 组深紫色细流苏线。

4. 取深紫色细流苏线将发箍和 3 组线缠绕好。

5. 开始编三股辫子。

6~7. 编到合适长度，用热熔胶将发箍和辫子粘好。

8. 结尾处也用深紫色流苏线缠绕好。

9. 剪掉余线烧黏，作品完成。

四股辫子发箍 ::::::::

　　无论你是长发、短发、直发，亦或是妩媚的卷发，都别忽略了用发饰加以装点。简简单单的四股辫子发箍打理你的头发，塑造甜美可爱的你。

材料：

白色珠子 6 颗　　DIY 发箍 1 个　　热熔胶棒

红色 5 号线：150cm1 根　　50cm2 根

深红色 5 号线：150cm1 根　　50cm2 根

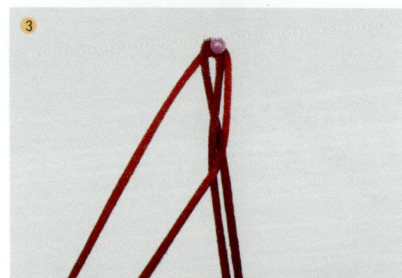

1. 取 2 根 150cm 长的红色 5 号线和深红色 5 号线各 1 根对折。

2~3. 相互编四股辫子。

4~5. 编至够头掰长度，剪断烧黏。

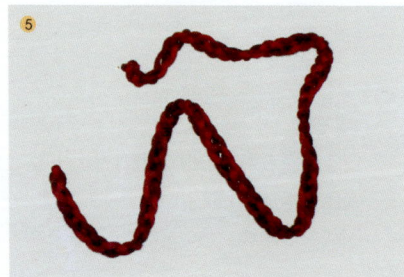

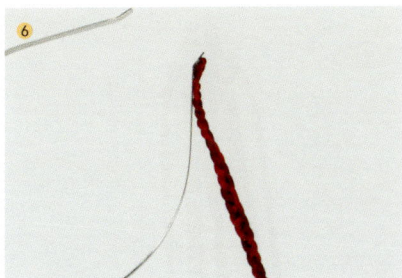

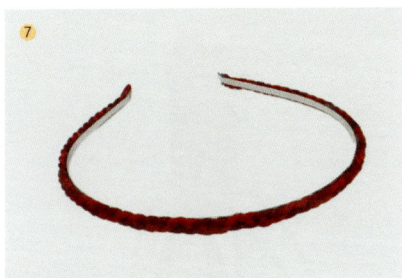

6～7. 用热熔胶将编好的结粘在头箍上。

8. 另取 4 根 50cm 长的 5 号线（深红色和红色各 2 根）对折。

9. 中间 4 根编 1 层双平结。

10. 两边各编 1 层双平结。

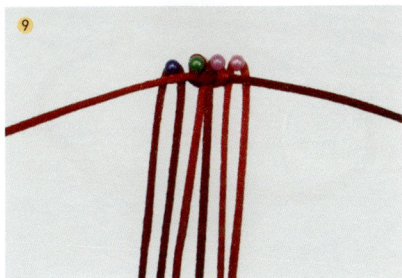

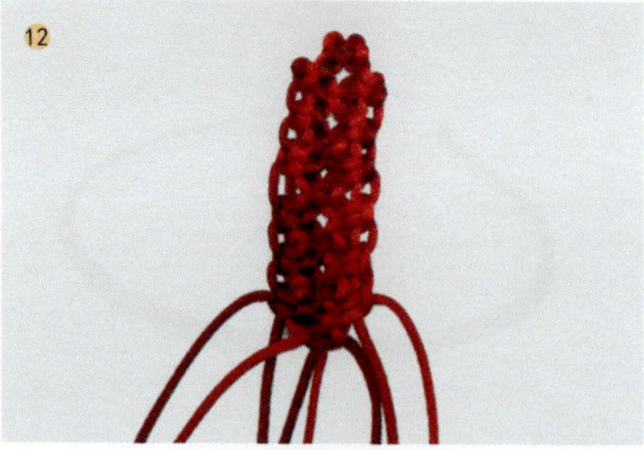

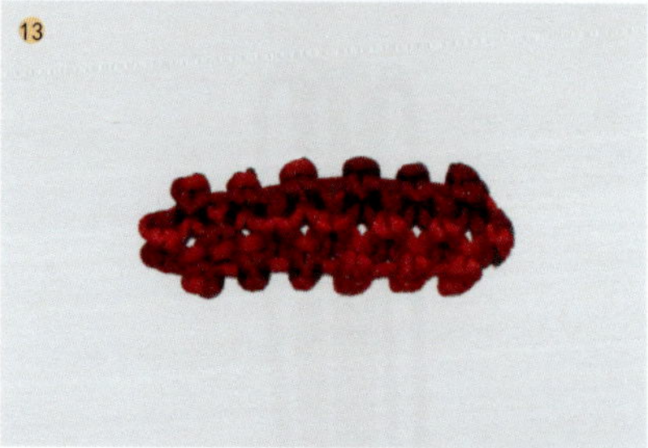

11. 两边各编 1 层双平结，然后中间 4 根分一组编 1 层双平结。

12~13. 以此类推，编到需要长度，剪断余线烧黏。

14. 将其用热熔胶粘在头箍上。

15. 如图所示，分别粘上 6 颗珠子，作品完成。

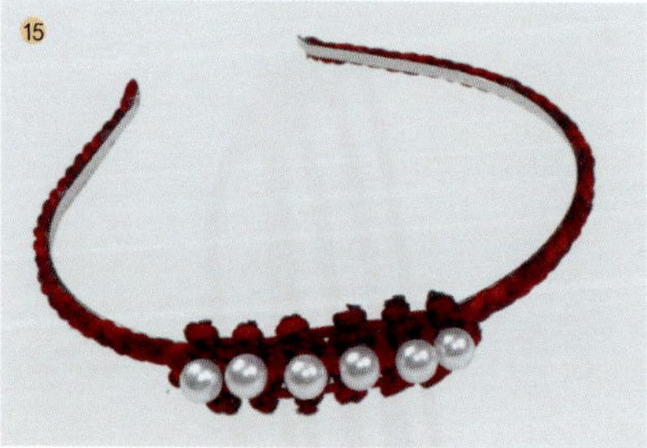

斜卷结发箍

发箍是每个爱美女孩必备的饰品，不同的发箍可以带出不同的感觉，而你是否已经厌倦平凡了呢？

材料:

DIY 塑料宽发箍 1 个

白色 5 号线：150cm1 根

粉色 5 号线：150cm1 根

黄色 5 号线：200cm1 根

紫色 5 号线：150cm1 根　　200cm1 根

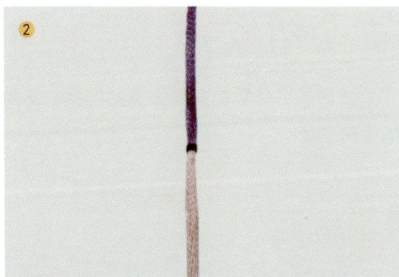

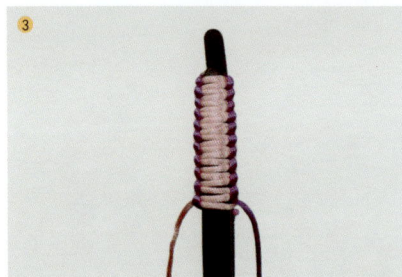

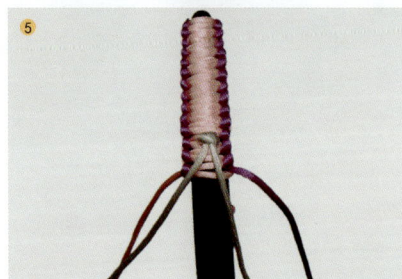

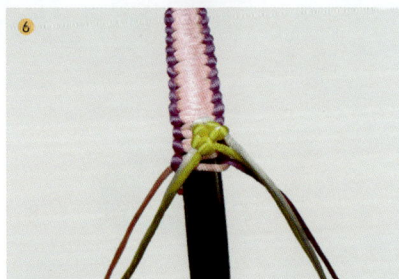

制作过程

1. 取宽发箍 1 个备用。

2. 取 150cm 长粉色和紫色 5 号线各 1 根烧黏对接。

3. 围绕发箍编 10 层左右的双平结。

4~5. 如图以雀头结方式加 1 根 150cm 长的白色 5 号线，继续编 2 ~ 3 层双平结。

6. 另将 200cm 长的紫色 5 号线和黄色 5 号线各 1 根对折，如图编 1 层斜卷结。

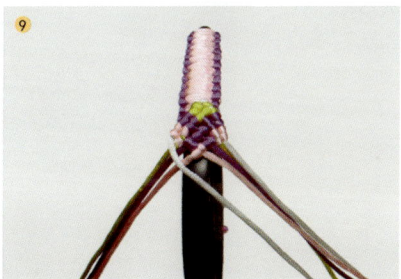

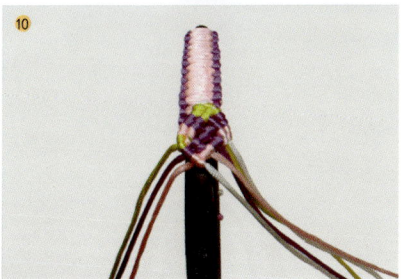

7. 如图加 1 根对折的 200cm 黄色和紫色 5 号线编斜卷结。

8. 将编双平结的紫色线剪断烧接上粉色线，继续编斜卷结。

9~10. 将边上的黄色线往里拉做轴，压在下面的线为绕线编 1 圈斜卷结。

11. 黄色线做轴线再编 1 层斜卷结。

12~13. 最后2根线，粉色线做轴，紫色为绕线编1个斜卷结。

14. 用同样方法编好另一边。

15~16. 将最里面的2根线交叉往外拉做轴编斜卷结。

17. 以此类推编下去。

18~19. 编到发箍剩余长度与编双平结的那端相同时，黄色线剪留 1cm 长，其余剪断烧黏。

20. 预留的黄色线一边烧黏接上 1 根前面剪制下的粉色线，一边接上 1 根紫色线。

21. 余线继续编双平结，编到底部剪掉余线烧黏，作品完成。

梅花双钱组合发夹 ◆◆◆◆◆◆

一个可爱的小发夹，令你在生活中充满无限魅力。

材料:

深蓝色 5 号线：150cm1 根

蓝色 5 号线：50cm 1 根

浅蓝色 5 号线：20cm 1 根

制作过程

1~2. 取 1 根深蓝色 150cm 长的 5 号线，每隔 5cm 编 1 个双钱结，共编 5 个。

3. 以每个双钱结为边，编 1 个梅花结。

4. 余线按原路再走一遍，调好型。

5. 另用 1 根蓝色 50cm 长的 5 号线编 1 个 2 层的梅花结。

6. 用浅蓝色 20cm 长的 5 号线编 1 个单层梅花结。

7. 接着再编 1 个纽扣结，如图抽好线。

8. 如图依次将编好的结粘好。

9~10. 用蓝色荧光笔点缀一下，将编好的结固定在发夹上，1 支美丽炫目的发夹就做好了。

双钱结发夹 :::::::

　　女生的长发仿佛是上天的礼物，只通过小小的发饰或者一个简单的发型也能体现出女性的妩媚，让美丽发夹秀出你的美丽发型，突显出个人性格。

材料:

DIY 发夹 1 个　热熔胶棒　黄色荧光笔

黄色 5 号线：100cm1 根

乳白色 5 号线：100cm2 根

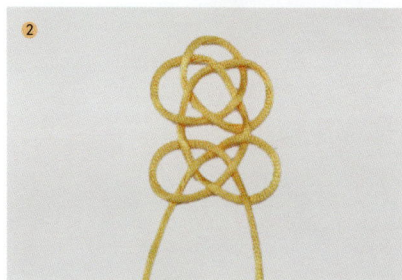

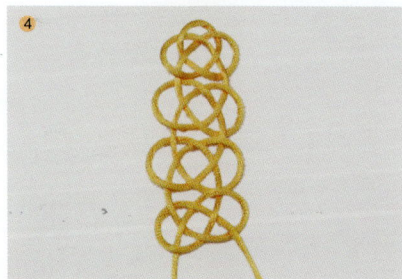

1~2. 取 1 根 100cm 长黄色 5 号线编 1 个双钱结。

2~4. 用余线继续再编 3 组双钱结。

5. 取 1 根 100cm 长乳白色 5 号线沿外沿平行走 1 圈。

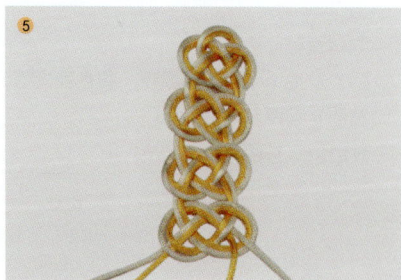

6. 再取 1 根乳白色 5 号线沿内沿走 1 圈。

7. 将线头剪断，对接好。

8~9. 准备 1 枚裸发夹，用热熔胶将二者粘好。

10. 用黄色荧光笔点缀一下，作品完成。

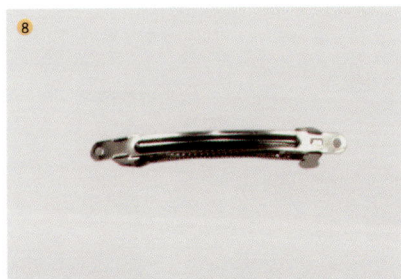

>> 结艺美饰之
发簪、步摇

酢浆草结发簪 ::::::::

　　酢浆草又称为幸运草。人们总说，找到了幸运草就找到了幸福，那是因为，三叶草的一叶草代表希望，二叶草代表付出，三叶草代表爱，而稀有的四叶草——就是幸福。

材料：

DIY U 形发棍 1 根

鹅黄色 5 号线：150cm1 根

制作过程

1. 取 1 根 150cm 长的鹅黄色 5 号线对折编 1 个 3 耳酢浆草结。

2. 两边各编 1 根酢浆草结。

3. 继续编 1 个酢浆草结，其中每个耳翼有 1 个酢浆草结。

4. 收紧结体，调整形状。

5. 余线编 1 根六耳团锦结。

6. 重复步骤 2、3。

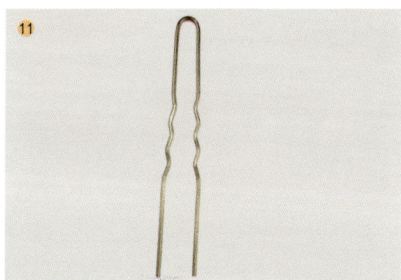

7. 重复步骤2、3。

8. 收紧结体，调整形状。

9. 余线接着编1个酢浆草结。

10. 调好型剪断余线烧黏。

11~12. 取1根U形发棍和编好的结粘起来固定好，作品完成。

玉兰发簪

　　将长发松松挽起，插上一枚别致的发簪，再配上典雅的长裙，即便性格再外向的女孩，也可以成为让人眼前一亮的古典美人。

材料:

DIY 发棍 1 根　锥形花托 1 个

粉红色玉线：50cm30 根

黄色玉线：10cm3 根

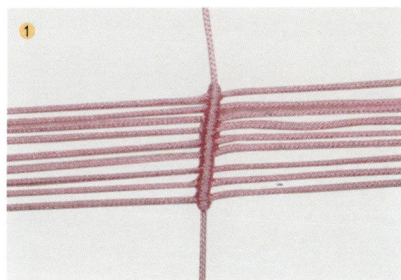

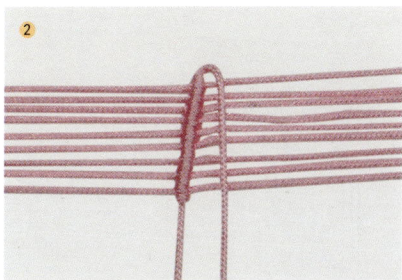

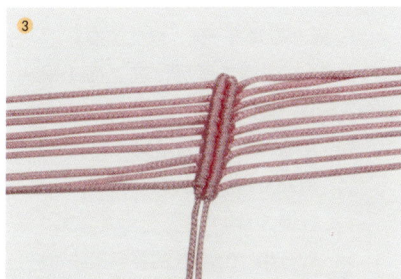

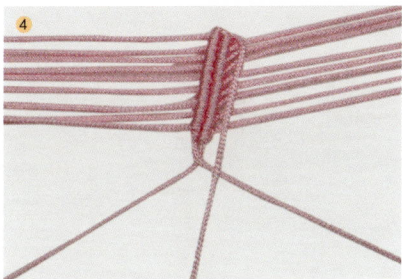

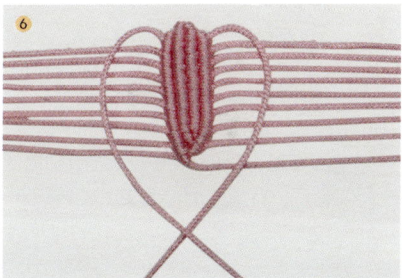

制作过程

1. 取 10 根 50cm 长的粉红色玉线，其中 9 根以斜卷结方式绕编在另 1 根线上（都取中间）。

2~3. 轴线对折往下拉做轴编 1 层斜卷结。

4. 最上面的 1 根绕线往下拉做轴，压在下面的线做绕编，编 1 层斜卷结。

5~6. 另一边编法一样，以此类推。

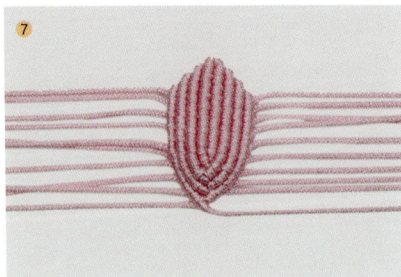

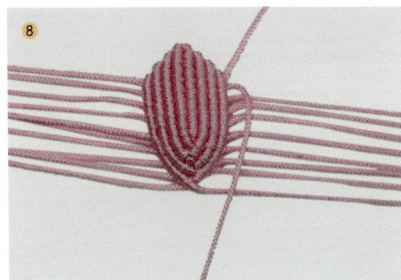

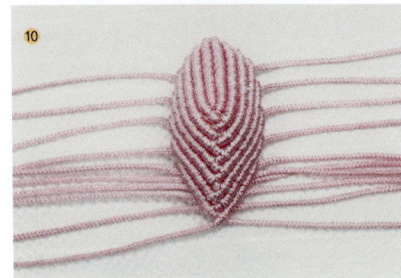

7. 另一边编法一样，以此类推。

8~9. 每边编4层后，最上面1根绕线放下不编，其他编法不变。

10. 接着再用同样方法编4层。

11. 剪掉余线烧黏。

12. 共做3片。

13. 取3根10cm长的黄色玉线对折，将线头的另一端系紧并修剪好做花蕊。

14. 将花蕊固定在发棍上。

15. 如图将花瓣依次粘好。

16. 加上花托固定，1支清雅古典的发簪就完成了。

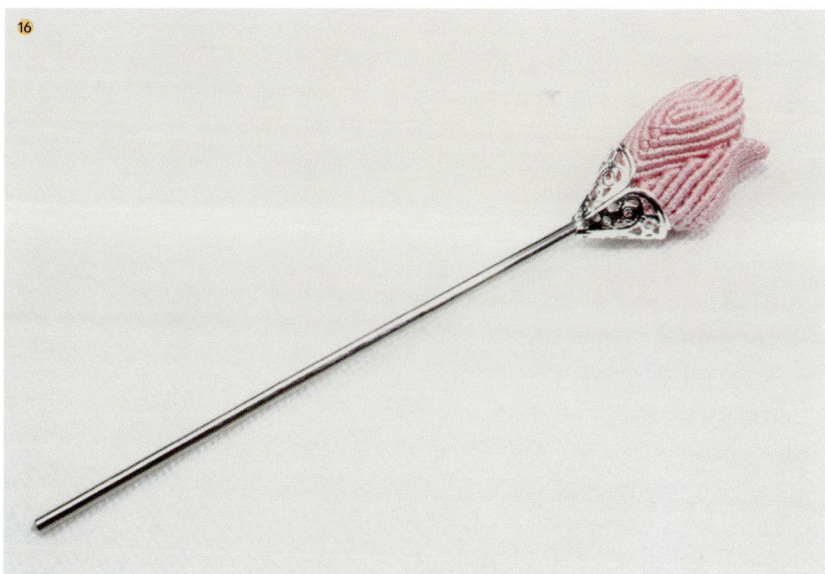

一字盘长步摇 ::::::::

步摇一步一颤，珠玉缠金流光，流苏长坠荡漾，充满了一种举止生动、青春可爱的美丽。

材料：

DIY 发棍 1 根　金属圈 2 个
水晶配饰 1 个　小流苏 1 个
红色 5 号线：150cm1 根

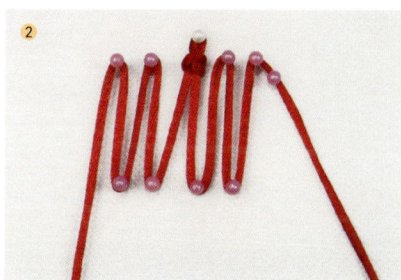

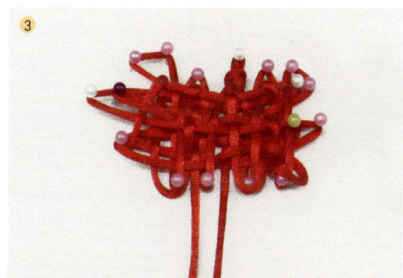

制作过程

1. 取 1 根 150cm 长的红色 5 号线对折编 1 个双联结，结头挂线 0.5cm 长即可。

2~3. 余线向两边排开编一字盘长结。

4. 如图将线抽紧调好型。

5. 余线剪短，1 根留得稍长些塞入结体。

6. 另取 1 个金属圈挂在中间，系上 1 根细线（用剪掉的碎线头即可）。

7. 线上穿上 1 个水晶配饰，打结。

8. 再穿上 1 个小流苏。

9. 另取 1 个金属圈将发棍和结连接起来，作品完成。

琵琶结步摇 ·······

步摇美丽的光泽闪耀在发间，加上小而巧的坠饰，又是一种别样的长发风情。

材料：

DIY 发棍 1 根　黑色珠子 4 颗　金属圈 2 个

红色 5 号线：50cm2 根

红色流苏线：30cm1 根

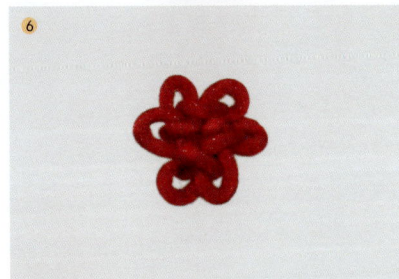

制作过程

1. 取1根50cm长的红色5号线对折编1个六耳团锦结，余线接着编1个琵琶结。2. 如图用金属圈和1根30cm长的红色流苏线先穿好。3~4. 依次穿上黑色珠子和纽扣结。5. 穿好后将余线系在发棍上。6. 再编1个六耳团锦结，调好型。7. 将编好的团锦结粘在发棍上，作品完成。

馨结步摇 ········

馨结步摇，从我见到的那一刻开始，就注定要深深地爱恋上它。

材料:

DIY 发棍 1 根　小珠子若干

红色 5 号线: 200cm1 根　20cm5 根

红色流苏线: 20cm5 根

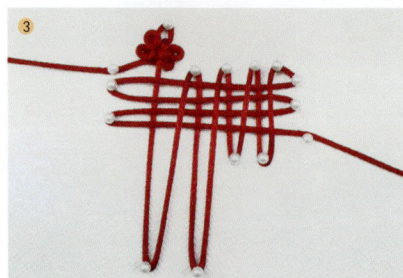

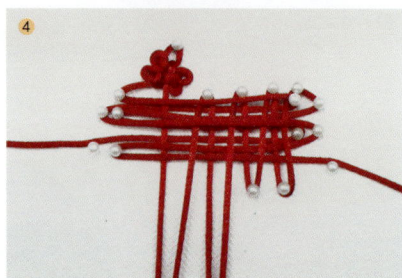

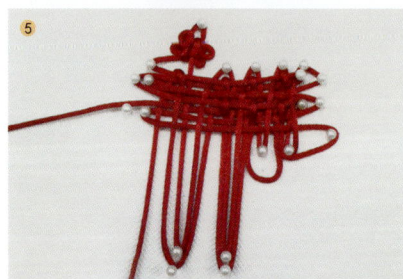

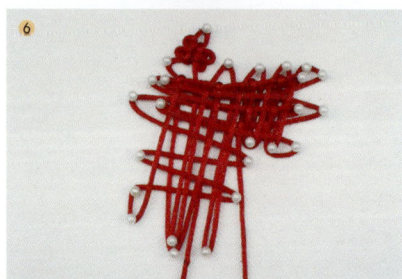

制作过程

1. 取1根200cm长的红色5号线对折编1根六耳团锦结。

2~3. 余线编罄结。其中1根线如图排4回，2长2短，然后从中横穿2回。

4~5. 另一根线将竖线包住2圈。

6. 右线往上挑1压3，往下挑3压1，编2回。

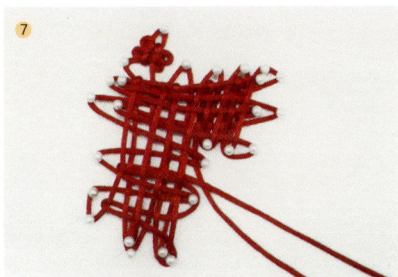

7. 左边同右边做法一样。

8. 将线抽紧调整成型。

9~10. 余线编1根双联结和六耳团锦结。

11. 用5根20cm长的红色5号线编5个2层梅花结，抽成球状。

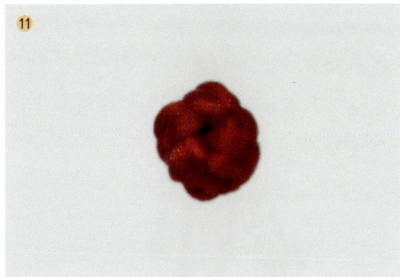

12~13. 用 1 根 20cm 长的红色流苏线依次将编好的球和小珠子穿好，用小金属圈挂在结体的两翼上。

14. 中间团锦结余线剪短塞进去，也用 1 根 20cm 长的红色流苏线依次穿上编好的小球和小珠子，并用小金属圈固定好。

15. 将编好的结固定在发棍上，作品完成（见成品图）。

结艺美饰之项链>>

扇形项链

用绳子就能编出唯美的艺术、充满低调奢华的美感和时尚的气息。

材料：

大玉珠 1 颗　中号玉珠 6 颗　小号玉珠 14 颗　特小号玉珠 15 颗

墨绿色玉线：100cm1 根　50cm8 根　60cm2 根　70cm7 根

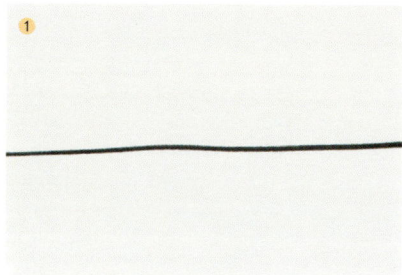

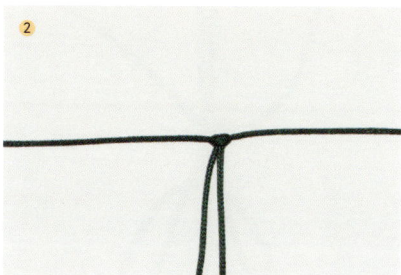

制作过程

1. 取 1 根 100cm 长的墨绿色玉线。

2~3. 另取 1 根 50cm 长的墨绿色玉线以雀头结方式挂在 100cm 长线的中间，共挂 8 根。

4. 另取 2 根 60cm 长的墨绿色玉线，穿上 1 颗大玉珠。100cm 长的墨绿色玉线两边绕编在上面。

5. 另取 1 根线做绕线，其他线两两做轴，绕编 1 圈。

6~9. 如图 7 ~ 8 ~ 9 方式加线，编第 2 层。

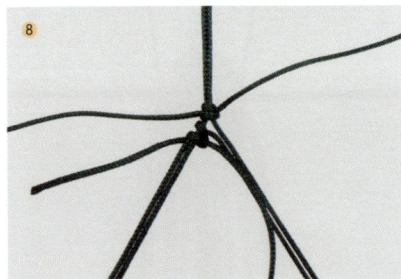

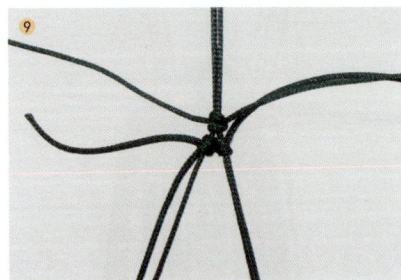

10. 继续绕编第3圈，不加减线。

11. 第7圈开始轴与轴之间加1颗特小号玉珠。

12. 每组轴线穿 1 颗小号玉珠然后挽个结，两边各留 4 根线不动。

13. 剪掉余线烧黏。

14. 主线穿 1 颗中号玉珠编 1 个双联结。

15. 继续编若干金刚结。

16~17. 再穿 1 颗中号玉珠编双联结，然后编几个金刚结，剪断 2 根线烧黏。

18. 穿上第 3 颗中号玉珠编双联结，然后将 2 根线搓绳子图，最后挽个结。

19. 用同样方法做出另一边。然后 2 根线相互挽个结。

20. 剪掉余线烧黏。

紫花项链

　　花朵项链是当前流行的服饰搭配元素。简单的设计，淡雅的色彩，散发出甜美而又清新的味道。

材料：

紫色玉线：150cm5 根

　　　　　50cm35 根

白色玉线：50cm5 根

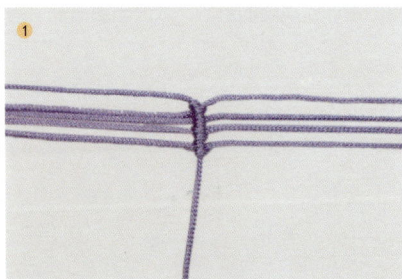

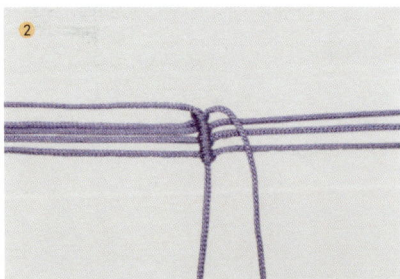

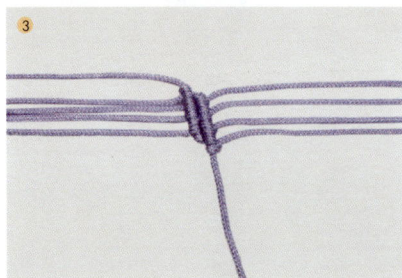

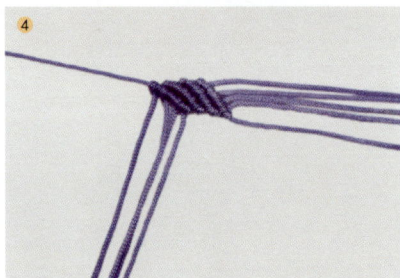

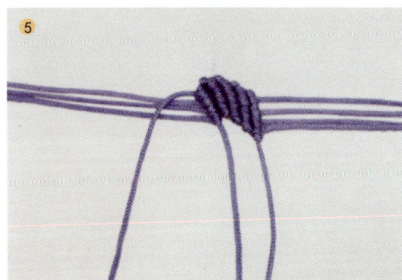

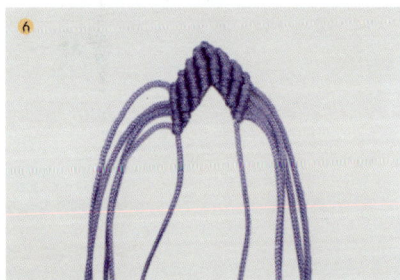

制作过程

1. 取 5 根 150cm 长的紫色玉线，其中 4 根以斜卷结绕编在另一根线上。

2~3. 最上面的 1 根绕线往下拉做轴，压在下面的线为绕线编 1 层斜卷结。

4. 接着再编 2 层。

5~6. 另外一边用同样方法也编 4 层。

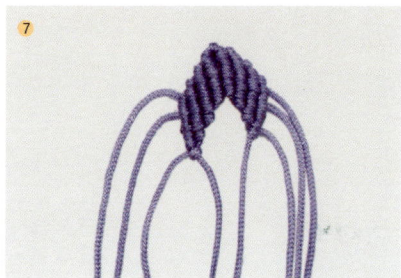

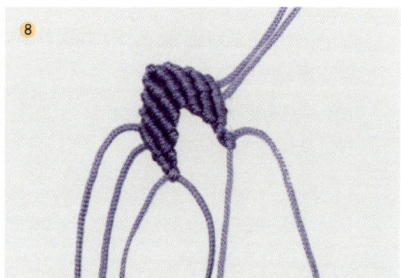

7. 将两侧中间的线剪断烧黏。

8~9. 每2根线为1组，两两互编斜卷结，共编5层。

10. 外圈用同样方法编6层。

11. 最外面的线往里拉做轴编1层斜卷结。

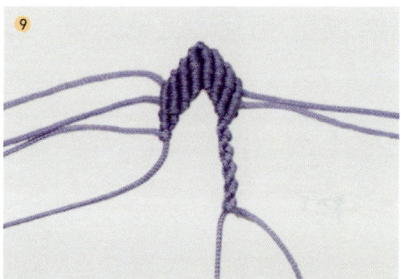

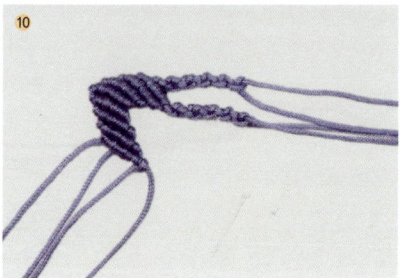

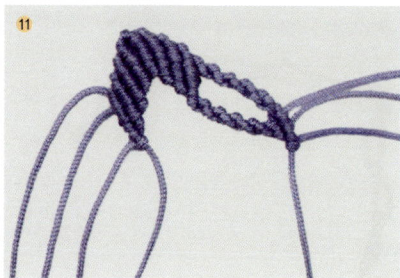

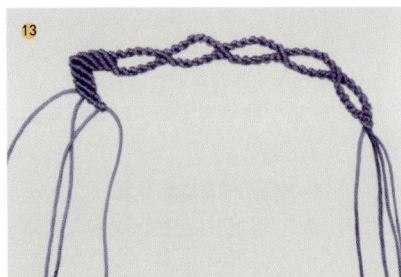

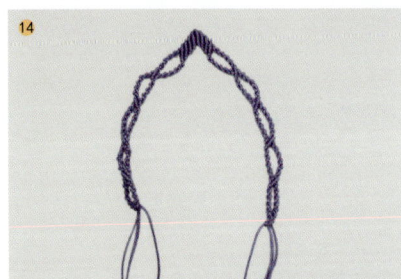

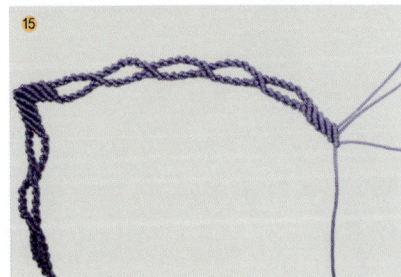

12 ~ 13. 重复步骤6、7、8，共编5组。

14. 用同样方法做另外一边。

15. 余线如图编5层斜卷结。

16. 余线两两编两股辫。

17~18. 编至适合长度挽个结固定。

19. 两边余线交叉合并，另取1根前面剪掉的余线编几层双平结。

20~21. 剪掉编线烧黏，主线两两编两股辫，挽结，然后剪掉余线烧黏。

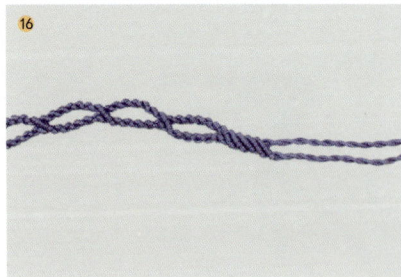

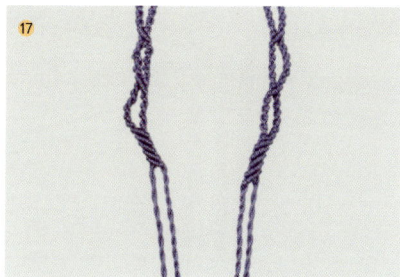

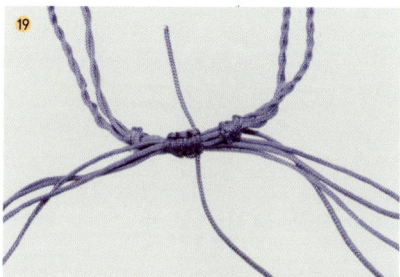

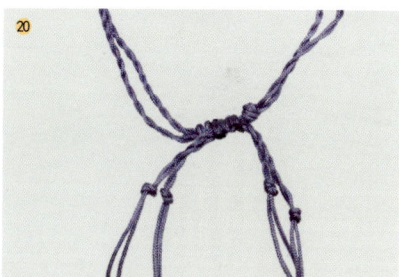

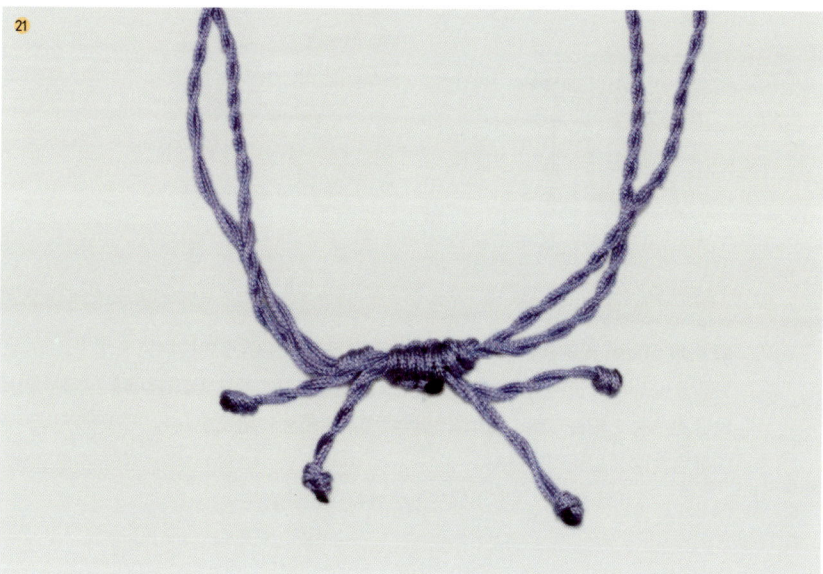

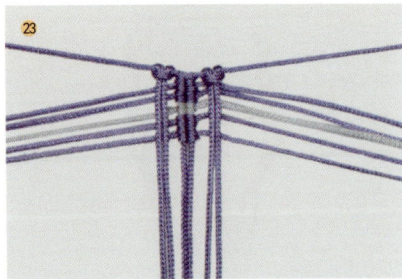

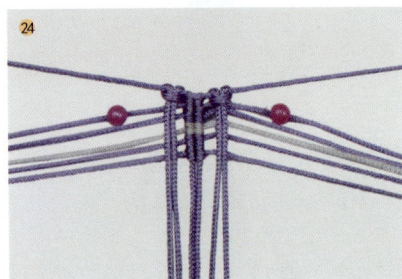

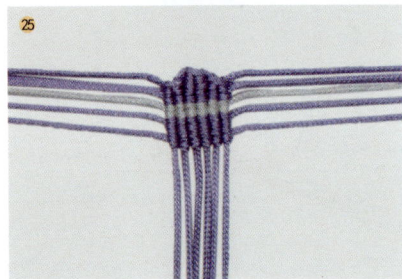

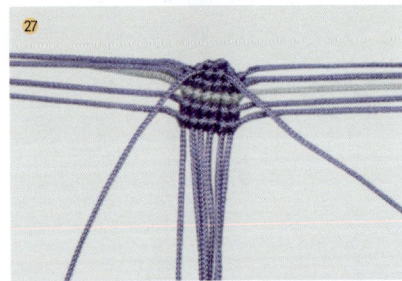

22. 取 4 根 50cm 长的紫色玉线。其中 3 根对折以雀头结方式挂在另一根上。

23. 另取 5 根 50cm 长的玉线（4 根紫色、1 根白色）用斜卷结绕编在中间 2 根轴线上。

24. 珠针指示的 2 根线不编，其他 4 根绕线将所有轴线绕编起来。

25. 编好后将这 2 根线剪断烧黏。

26~27. 珠针指示线做轴，压在下面的为绕线编 1 层斜卷结。

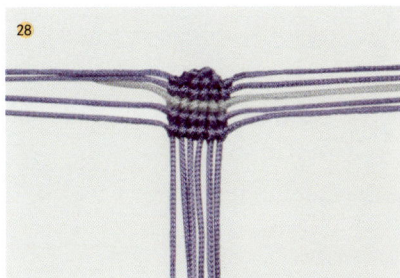

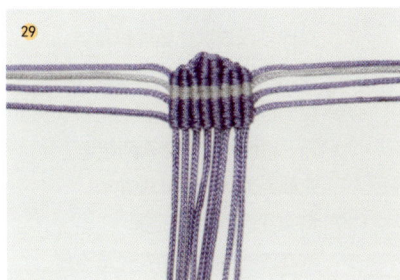

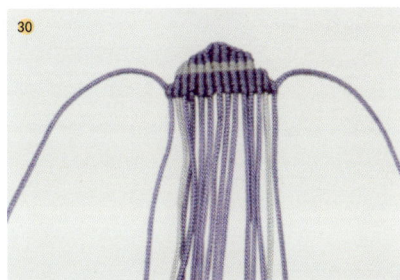

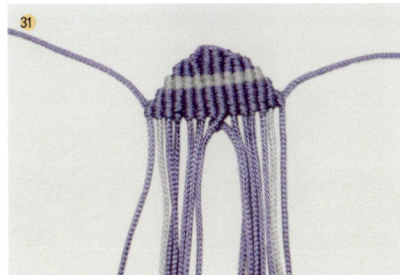

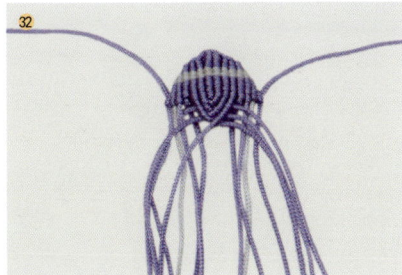

28 ~ 29. 珠针指示线做轴，压在下面的为绕线编1层斜卷结。

30. 编完如图。

31. 中间两轴线开始交叉编结。

32. 其他轴线依次往里编斜卷结。

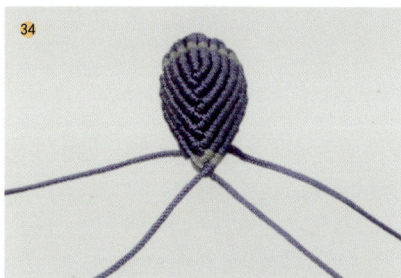

33. 其他轴线依次往里编斜卷结。

34. 除图中留线外，其余剪掉烧黏。

35. 用同样方法共做 5 片。

36~37. 将编好的花瓣两两相连。

38. 余线用索线结系紧做花蕊。

39. 将余线剪到合适长度。

40. 将花蕊烧黏，并用荧光笔点缀。

41~42. 将花朵与项链粘好，1 条漂亮的项链就完成了。

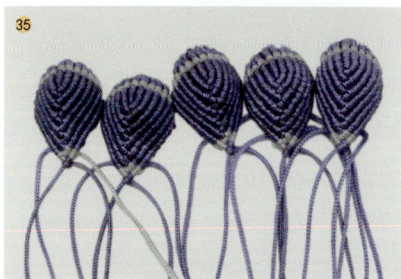

>> 结艺美饰之手饰

珍珠手链 ········

手链优雅的曲线与绝妙的颜色搭配让人充满了诱惑的气息。

材料:

白色珍珠 6 颗

红色 6 号线：150cm1 根　　140cm2 根

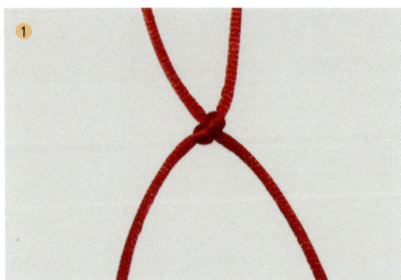

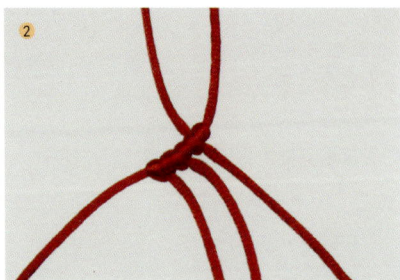

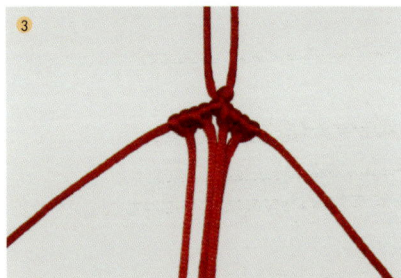

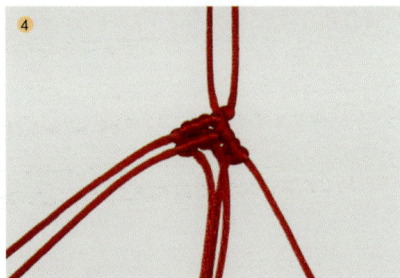

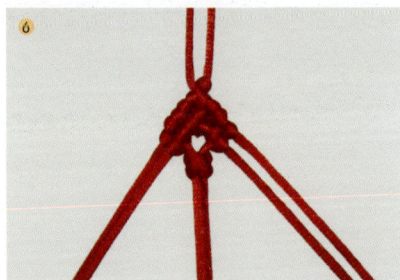

制作过程

1. 取 1 根 150cm 长的红色 6 号线对折交叉编 1 个斜卷结。

2~3. 另取 1 根 140cm 长的红色 6 号线对折用斜卷结挂在前面的余线上，另外一边也一样。

4~5. 最里面 2 根线分别做轴线，编 1 层斜卷结。

6. 中间 2 根线编 1 个双联结穿上 1 颗珠子再编双联结。

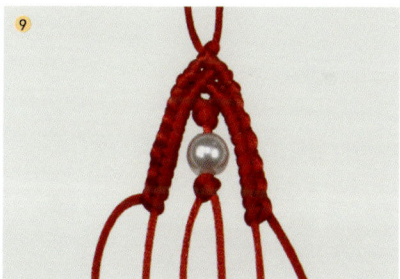

7～8. 中间2根线编1个双联结穿上1颗珠子再编双联结。

9~10. 两边余线两两编雀头结，各编6或7组，然后余线绕编在主线上。

11~12. 重复步骤4、5，直到编到手腕宽度为止。

13. 除中间2根线外，余线剪断烧黏。

14. 两主线交叉合并，另取1根剪掉的余线编双平结。

15. 剪掉编线烧黏。

16. 两边各穿1颗珠子挽个结，剪短余线烧黏，手链完成。

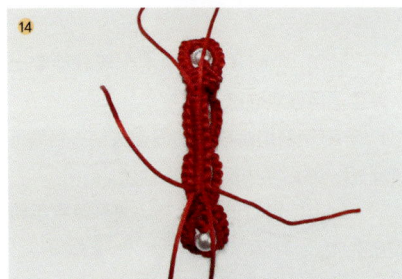

方格手镯 :::::::

如花的季节，如花的年龄，让手链来张扬你的个性，传统与时尚的组合让人眼目一新。

材料:

玉饰花 1 枚

黄色玉线：200cm1 根　　100cm12 根

粉色玉线：100cm4 根

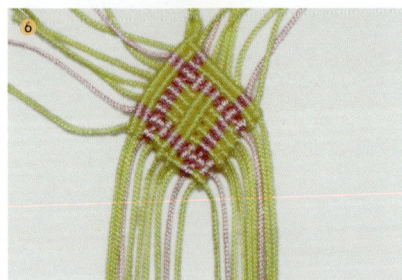

制作
过程

1. 取 1 根 200cm 长的黄色玉线对折，在 10cm 的地方交叉编 1 个斜卷结。

2. 两边以斜卷结方式各挂上 8 根 100cm 长的玉线，颜色分布如图（黄色玉线 6 根、粉色玉线 2 根）。

3. 中间 2 根线拉倒两边做轴编 1 层斜卷结。

4. 中间 2 根线做绕线，绕编 1 圈。

5. 左边如图编好。

6. 右边如图编好。

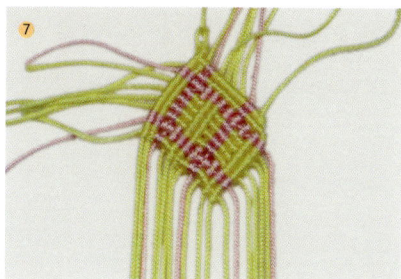

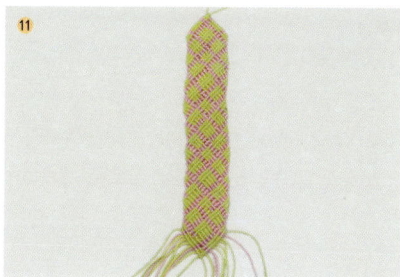

7. 右边轴线往中间拉编 2 层斜卷结。

8. 剪掉余线烧黏。

9. 右边如图编好。

10. 继续编左边。

11. 编到手腕长度。

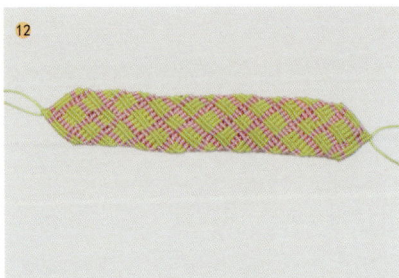

12. 除中间 2 根线外，其他余线剪短烧黏。

13. 余下主线交叉合并，另取 1 根剪掉的余线编雀头结。

14~15. 编到 15 层左右，两头拉紧，余线剪断烧黏。

16~17. 继续编 2 层双平结，剪掉余线烧黏。

18. 另一端如图穿进玉饰花 1 枚。

19. 如图编 3 层双平结，

20~21. 剪掉余线烧黏，作品完成。

金刚盘长手链

金刚结与盘长结，搭配玉饰花的效果也很不错吧！缤纷四季，随心搭配。

材料：

玉饰花 1 朵　热熔胶棒

深红色 5 号线：180cm1 根

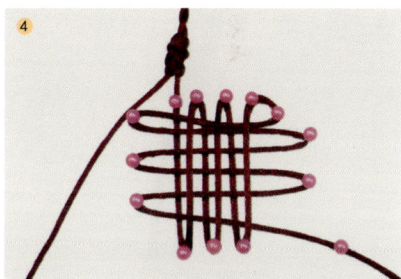

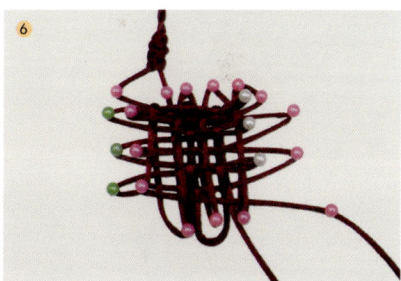

制作
过程

1. 取 1 根 180cm 长的深红色 5 号线对折编 1 个纽扣结。

2~3. 2 线编两股辫，然后编 3 个金刚结。

4~6. 接着编 1 根四线盘长结。

7. 将线抽好。

8. 继续编 3 个金刚结。

9~11. 余线搓绳，编 1 个纽扣结。剪掉余线烧黏。

12. 在盘长结上粘玉饰花，作品完成。

金刚团锦手链 ::::::

如花瓣一般的团锦结飘出优雅的花香，粉色的手链装饰你的纤纤玉手。

材料：

粉色 5 号线：150cm 1 根

制作过程

1~2. 取 1 根 150cm 长的粉色 5 号线对折编金刚结，编 10 层左右。

3~4. 接着编 1 个六耳团锦结，调好型后编 1 个双联结。

5. 共编 3 个团锦结。

6. 继续编 10 层左右的金刚结。

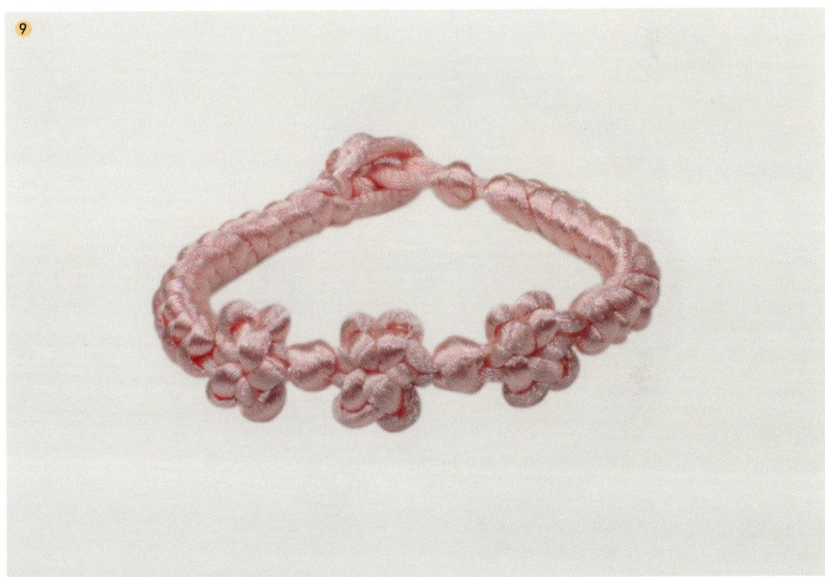

7. 编完后编 1 个双联结。

8~9. 离双联结 1cm 的地方编 1 个团锦结，剪掉余线烧黏，作品完成。

蓝色凤尾结手链 ::::::

　　纯净的蓝色表现出一种美丽、冷静、理智、安详与广阔，是永恒的象征。秀丽清新的表带结手链让美丽永恒。

材料:

蓝色 5 号线：150cm1 根

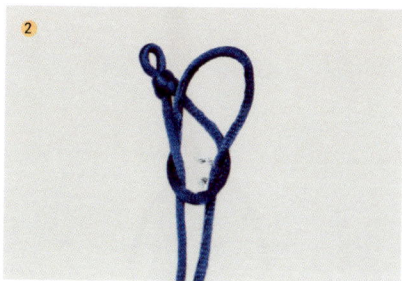

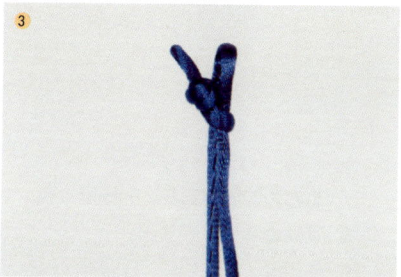

制作
过程

1. 取 1 根 150cm 长的蓝色 5 号线
对折编 1 根双联结。

2~4. 用 2 根线编凤尾结。

5~6. 继续编到手腕长度。

7. 将右边的线塞到左边的圈里拉紧。

8. 紧贴着编 1 个双联结。

9. 最后编 1 个纽扣结，剪断余线烧黏。作品完成。

三色手链 ·····

　　爱搭配的女生总喜欢用一些小配饰来装扮小细节。精致的手链是不可缺少的装备，不仅增添搭配亮点，还可以显示精灵般的可爱感，更加得到女生的偏爱！

材料：

玉珠 2 颗

黄色玉线：200cm1 根　　100cm2 根

绿色玉线、粉红色玉线：100cm 各 4 根

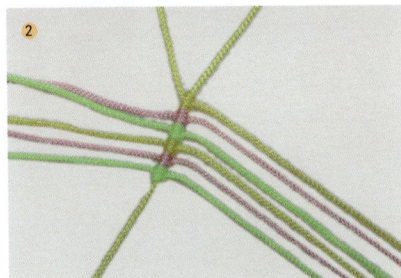

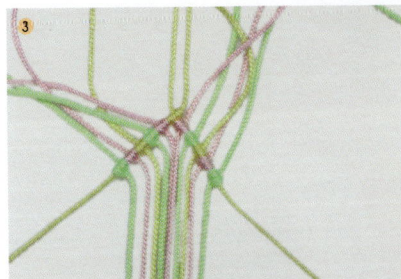

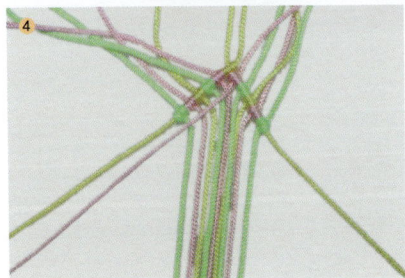

制作过程

1. 先用 1 根 200cm 长的黄色玉线对折交叉打 1 个斜卷结，顶端留 1 个约 10cm 长的套。

2～3. 再取 5 根 100cm 长玉线（绿色 2 根、粉红色 2 根、黄色 1 根），以斜卷结方式挂在黄色轴线上，另外一边的黄色轴线也同样挂上 5 根 100cm 的玉线。

4～5. 将右边第一根粉红色玉线往左拉做轴线，左边的 5 根玉线做绕线编 1 层斜卷结，然后将左边第一根粉红色玉线往右拉做轴线，右边的 4 根线做绕线编 1 层斜卷结。

6. 以此类推，用同样的方法编到第五层，最后 2 根线交叉打结。

7～8. 将最边上左右 2 根黄色玉线做绕线分别向中间绕编，中间 2 根绿色玉线不编。

9～10. 以此类推，依次将最边上左右 2 根线往中间绕编。

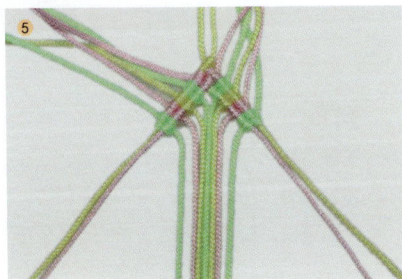

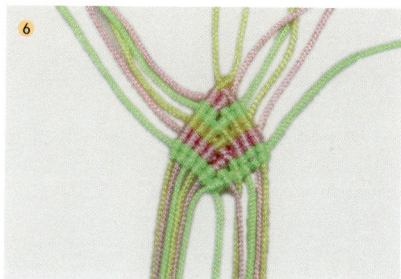

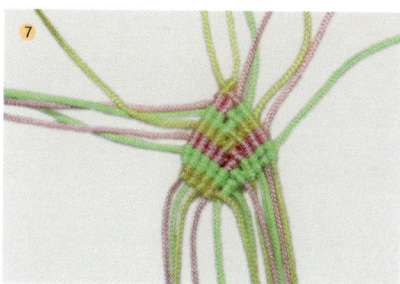

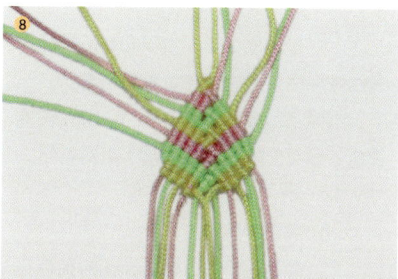

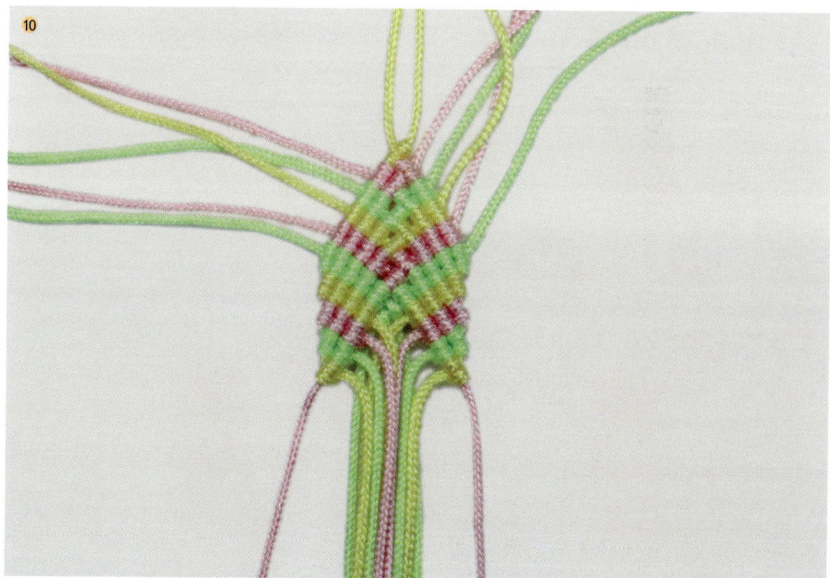

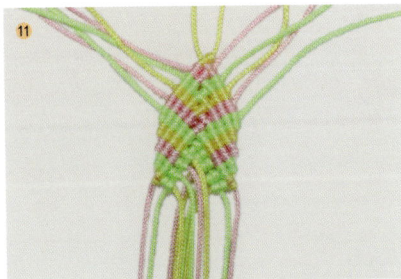

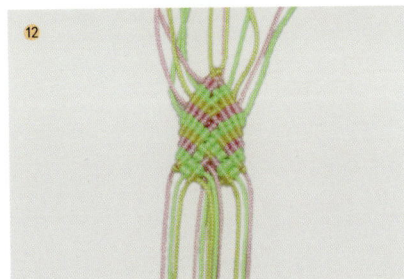

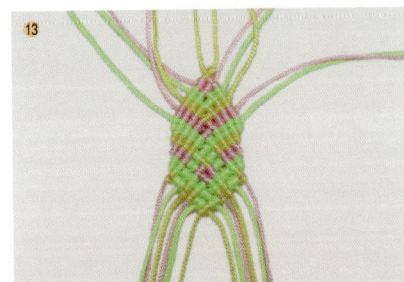

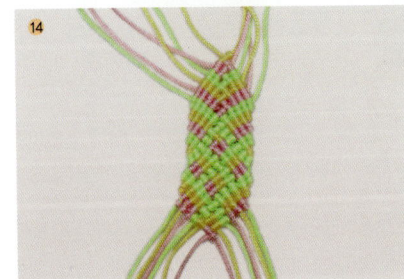

11. 最里面的 2 根 100cm 长的绿色玉线做绕线分别往外绕编 1 圈斜卷结。

12~13. 将最里面 2 根 100cm 长的黄色玉线交叉往外拉做轴编 1 层斜卷结。

14~15. 以此类推往下编。

16. 编到手腕长度。

17. 除中间 2 根 100cm 长的黄色玉线外，其他余线剪断烧黏。

18. 两边余线交叉合并，另取 1 根前面剪掉的余线编双平结，长度根据手腕宽度而定。

19~20. 剪断编线烧黏，余线各穿入 1 颗玉珠烧黏，作品完成。

斜卷结手链 ∷∷∷∷∷

　　这款斜卷结的手链大气而不失精致，配上清新的黄色，如同秋日里丰硕的果实般充满活力与成长的喜悦。

材料：

白色珠子 7 颗

黄色玉线：120cm8 根

制作过程

1. 先取 2 根 120cm 长的黄色玉线从中间位置编约 2cm 长的金刚结。

2. 两端各取 1 根线交叉编 1 个斜卷结，然后做轴线。

3. 另外 2 根线以斜卷结方式分别挂在轴线上。

4. 另取 3 根 120cm 长的黄色玉线对折，连打两个斜卷结，挂在一边的轴线上。

5. 另外 1 根轴线也用同样的方式挂上 3 根线。

6. 最中间的 2 根线交叉往外拉做轴编 1 层斜卷结。

7. 最中间的 2 根线交叉往外拉做轴编 1 层斜卷结。

8. 以此类推编到第 6 层。

9. 中间 2 根线穿上 1 颗珠子。

10. 中间两线交叉编结做轴线，分别将同侧的 7 根线往下来依次绕编在轴线上。

11. 用同样方法做好另一边。

12. 以此类推做到第 7 层。

13. 将最外边的线往里拉各编 1 层斜卷结。

14. 除中间 2 根线外其他余线剪断烧黏。

15. 余线编 2 层金刚结。

16. 余线穿上珠子，挽结剪断烧黏。

17~18. 作品完成。

炫丽彩色手链 ::::::

    这款手链将原来斜卷结的两道绕法变成了三道绕法，作品立马大气、别致了不少。无论是绚丽的彩色或者是素雅的同色，这种风格的手链无疑都会成为你腕上最独特靓丽的风景。

材料：

珠子 1 颗

绿色玉线：100cm2 根

黄色玉线：100cm2 根

粉红色玉线：100cm2 根

制作过程

1. 取 1 根 100cm 长的绿色玉线对折编 1 个双联结，结头以珠子能穿过去刚好。

2~3. 用图 2 的方式将其与 5 根线，分别为 2 根 100cm 长的粉红色玉线、2 根 100cm 长的黄色玉线和 1 根 100cm 长的绿色玉线取中间挂在主线上。

4. 如图将余线挂在另一根绿色玉线上。

5. 绿色土线往回来做轴，其余 5 根线将其绕编起来。

6. 用同样方法编好另一边，然后两轴线交叉编结。

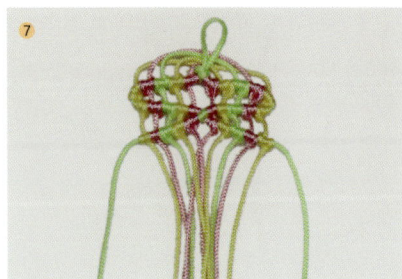

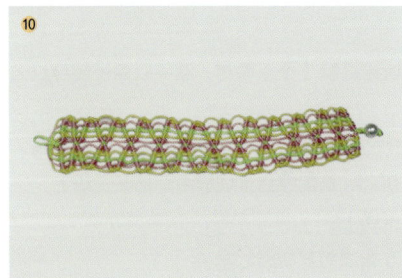

7. 轴线往外拉编各绕编 1 层。

8. 以此类推，编到合适长度。

9. 除主线外，其余的线剪断烧黏。

10. 穿上准备好的珠子，剪掉余线烧黏。

11. 作品完成。

错位平结手镯 ::::::

　　简单的平结错位就能编出这么美丽时尚的作品，具有时尚气息且带有中国结传统艺术之美。

材料:

驼色 5 号线：50cm3 根　　60cm1 根

制作过程

1. 取 1 根 50cm 长的驼色 5 号线对折。

2. 另取 1 根 60cm 长的驼色 5 号线在上面编 5 个双平结。

3~4. 另取 2 根 50cm 长的驼色 5 号线对折，与之前的 4 根线分成 2 组编 2 个双平结。

5. 中间 4 根线编 2 个双平结。

6. 两边各编 2 个双平结。往下以此类推。

7. 两边各编 2 个双平结。往下以此类推。

8~11. 编到合适长度时，两边各丢 2 根线，剪断烧黏。

12. 中间剩下的 4 根线继续再编 3 个双平结。

13. 如图剪断余线烧黏。

14~15. 两边主线交叉合并，另取 1 根线编双平结，共编 7 次，剪断余线烧黏。

16~17. 4 根主线各编 1 个索线结，然后剪断余线烧黏。

向日葵戒指 ·······

做个向日葵般温暖的女子，美丽热情，每天用笑靥迎着太阳的光辉。学会从容面对生活，善于发现微小的幸福。

材料：

树脂花 1 枚　热熔胶棒

黄色玉线：20cm1 根　50cm1 根

1~2.取1根20cm长的黄色玉线交叉合并做轴线,另取1根50cm长的黄色玉线在轴线上编双平结。

3~4.编至适合长度,拉紧轴线。

5.剪断余线烧黏。

6~7.取树脂花用热熔胶粘上,作品完成。

结艺美饰之脚链 >>

金刚结脚链 ········

　　这款少女风格的脚链用粉色线和白色珠子搭配，使金刚结变得含蓄、柔和。粉色好似娇羞少女脸上的红晕，白色珠子好似清凉的水珠，一款非常适合在夏天佩戴的脚链！

材料:

白色小珠子 12 颗　　大珠子 3 颗

粉色玉线：150cm1 根

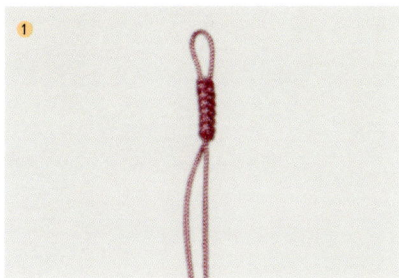

制作
过程

1. 将线对折编 6 层左右的金刚结。结头留个套，以刚好穿过珠子为准。

2. 余线如图穿上 4 颗小珠子，继续编 10 层左右的金刚结。

3. 余线如图穿上 3 颗珠子（中间 1 颗大珠子）。

4. 继续编 10 层左右的金刚结。

5~6. 重复步骤 3、4。

7~8. 如图穿上 4 颗小珠子并编 6 层左右的金刚结。

9. 余线穿上珠子，剪断余线烧黏。

10. 作品完成。

方胜结脚链 ::::::

　　方胜结是由一个罄结和盘长结组合而成，常被当作吉祥的饰物。编一条美丽的方胜结脚链，送给自己或亲人、朋友吧，用它寄托你的美好祝福。

材料:

金属圈 2 个

暗红色 5 号线：120cm1 根

暗红色玉线：40cm2 根　20cm1 根

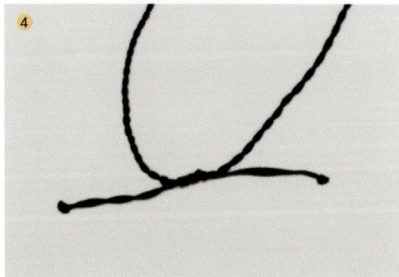

制作过程

1~2. 用1根120cm长的暗红色5号线编1个六耳方胜结，并穿上金属圈备用。

3. 用2根40cm长的暗红色玉线编两股辫，编至合适长度。

4. 将余线交叉，另取1根20cm长的暗红色玉线编几组双平结，然后剪掉余线烧黏。

5. 将编好的绳子绕成2圈，挂上编好的方胜结，作品完成。

富贵平安脚链 ::::::

简单的双平结编出来的脚链无论是搭配各种风格的服装都好看。

材料:

玉珠 8 颗: 6 颗大玉珠　2 颗小玉珠

红色玉线: 20cm2 根　120cm1 根

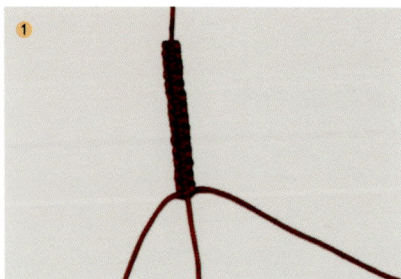

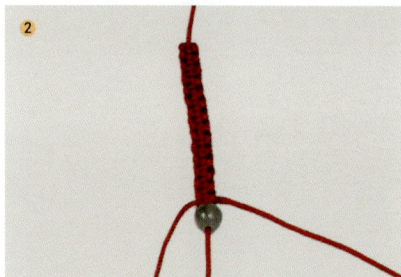

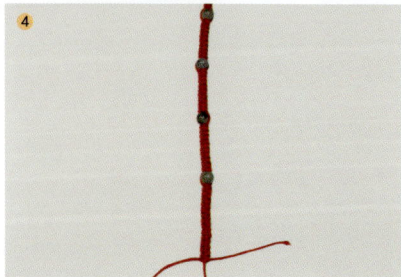

制作
过程

1. 取 1 根 20cm 长的红色玉线做轴线，120cm 长的红色玉线做编线，编 14 层双平结。

2~3. 轴线穿上 1 颗珠子，继续编 10 层左右的双平结。以此类推。

4. 编到合适长度，最后 1 组双平结也编 14 层左右。

5. 将编线剪断烧黏。轴线交叉继续做轴。

6. 另取 1 根 20cm 长的红色玉线编 10 层左右的双平结。

7. 将编线剪断烧黏。

8. 余线各穿上 1 颗稍小的玉珠，挽结剪断烧黏，作品完成。

粉色脚链 ⋮⋮⋮⋮⋮

　　浪漫的粉色如同你灿烂年华般美好，粉色的脚链，衬托娇嫩的肌肤，让你显得更加可爱、迷人。

材料：

小珠子若干

粉色玉线：50cm1 根　　120cm1 根　　10cm7 根

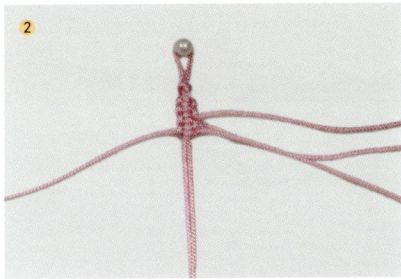

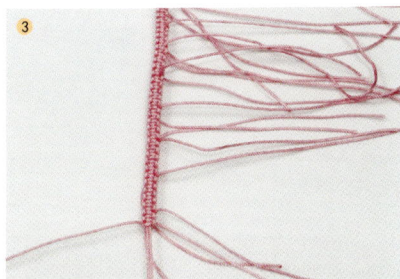

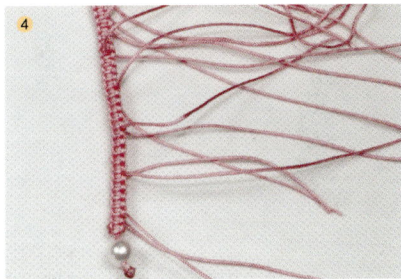

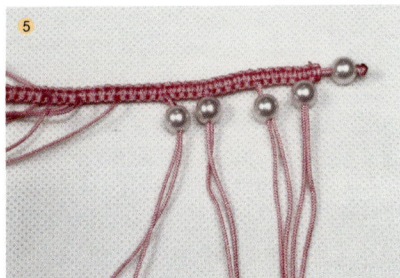

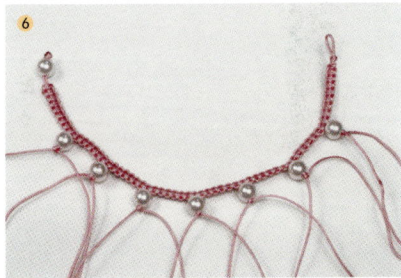

制作
过程

1. 将 50cm 长的粉色玉线对折编 1 个双联结，结头的圈以刚好穿过珠子为准。

2~3. 另取 120cm 长的粉色玉线编双平结，每编 2~3cm 在同一侧放 1 根 10cm 长的线。注意：放线的距离可长可短，完全可以根据个人爱好灵活掌握。

4. 编到合适长度，穿上珠子挽结，将余线剪断烧黏。

5~6. 如图穿好珠子，余线两两编结。

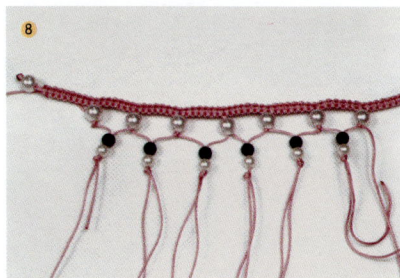

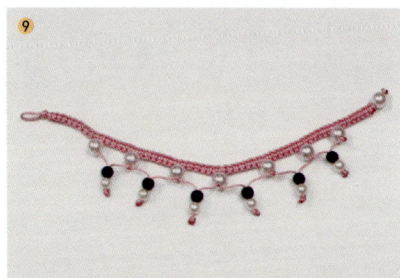

7~9. 相邻两线如图穿上 2 颗珠子
并挽个结。

10. 剪断余线烧黏，作品完成。

两股辫子脚链 ┄┄┄┄

柔软洁白散发出水晶般光芒的银链搭配浪漫的粉色，清澈纯粹。

材料:

细银链：20cm1 根

粉色玉线：50cm1 根　　20cm1 根

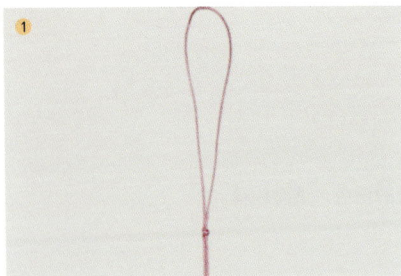

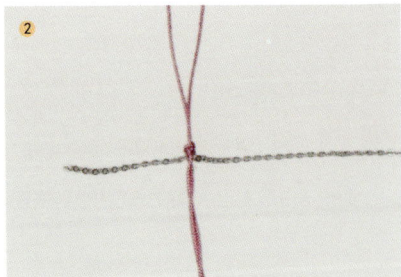

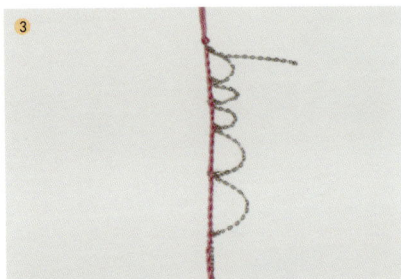

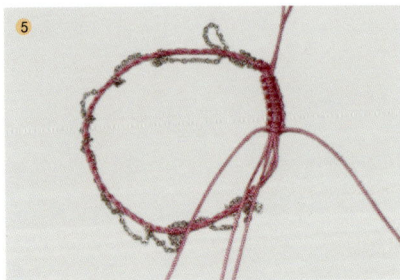

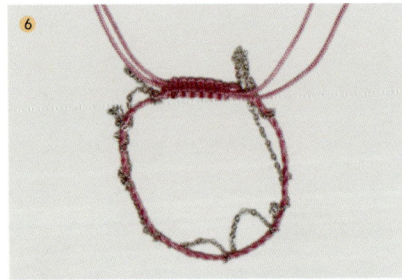

制作过程

1. 将 1 根 50cm 长粉色玉线对折编 1 个双联结。

2~3. 如图放入细银链并编两股辫。

4. 编至合适长度后编 1 个双联结。

5~6. 余线交叉，另取 1 根 20cm 长的线编 6 层双平结，剪短余线烧黏。

7. 余线挽结并剪断烧黏，一款简单、秀气的脚链就完成了。

三生绳脚链

一世岩石出，化作英雄冢，情意无可摧。

二世磐石破，摆渡姻缘桥，鸳鸯两双飞。

三世玉石焚，誓守金玉盟，生死永相随。

材料：

珠子 1 颗

黄色玉线：50cm1 根　　30cm1 根

绿色玉线：50cm1 根　　30cm1 根

粉红色玉线：50cm1 根　　30cm1 根

制作过程

1~2. 将 3 根不同颜色的 50cm 长的玉线在中间挽起编 2cm 左右的辫子。

3. 将挽起的那端解开，如图对折，并用 1 根 30cm 长的黄色玉线以缠流苏的方式系起来。

4~5. 将另外 2 根 30cm 长的不同颜色玉线烧黏对接，3 根 1 组编辫子。

6. 编到合适长度后，用同样方法系好余线。

7. 余线只留下 3 根，其余剪断烧黏。

8~9. 余线穿上备好的珠子，然后挽个结并剪断烧黏。

10. 作品完成。

双色平结脚链 ::::::

　　这款色彩清新靓丽的脚链编法简单，双平结寓意富贵平安，小小的脚链承载着美好的祝愿。

材料：

小铃铛 1 个

黄色玉线、绿色玉线：80cm 各 1 根

黄色玉线：15cm1 根

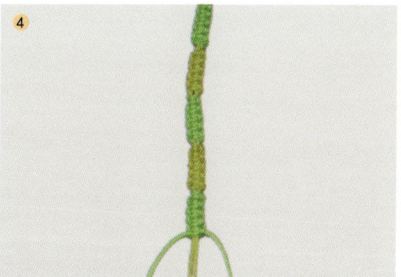

制作
过程

1. 将 1 根 80cm 长的黄色玉线对折做轴，用 1 根 80cm 长的绿色玉线编 5 层双平结。

2. 绿色玉线变成轴线，用黄色玉线编 5 层双平结。

3. 以此类推编到合适长度。

4. 注意：最后一组结的颜色要与开始的一组结相同。

5. 余线交叉，另用 1 根 15cm 长的黄色玉线编 5 层双平结。

6. 余线如图挽结并剪断烧黏。

7~8. 准备好 1 个小铃铛，在中间位置挂好。

玉兰红绳脚链 ::::::

来世太远，我要今生幸福满溢；愿来生有缘，再系赤绳，相系一生。

材料：

玉花 1 枚　玉珠 2 颗
红色玉线：30cm2 根　15cm1 根

制作过程

1~2. 准备好玉花 1 枚，两端各系 1 根 30cm 长的红色玉线，对折编 1 个双联结。

3. 如图编 4 ~ 5 个蛇结。

4~5. 穿上玉珠，然后搓绳子，搓到合适长度编个结固定。

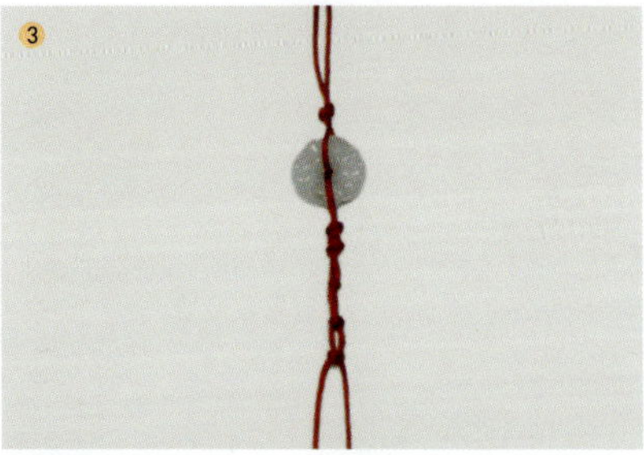

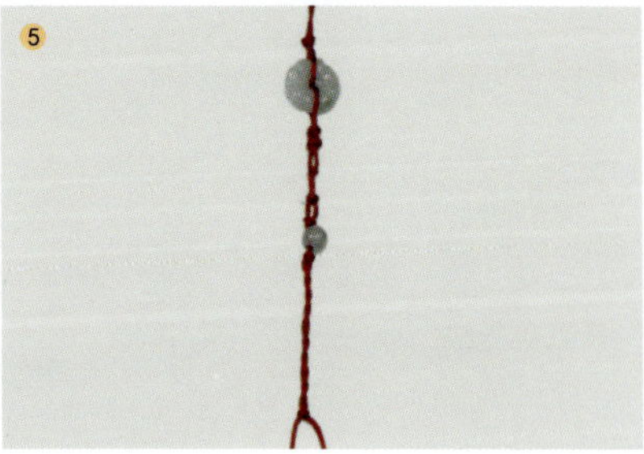

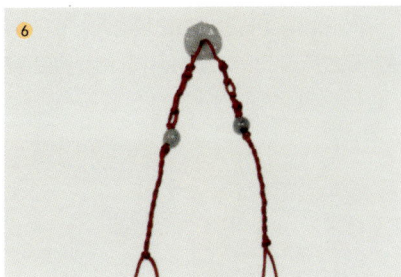

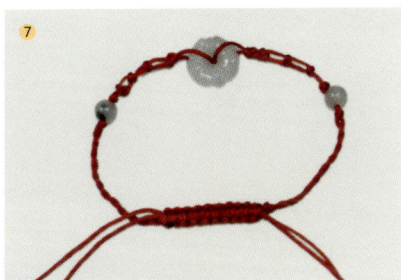

6. 用同样方法做好另一端。

7. 余线交叉，另取1根15cm
长的红色玉线编双平结。

8. 余线挽结，剪断烧黏。

9. 作品完成。

玉珠彩色脚链

传说如果脚链送给自己爱的人，下一世还会在一起。脚链的含义：拴住今生，系住来世。这款民族风脚链非常容易操作，绚丽的颜色配上雅致的玉珠，简洁而不失庄重。

材料：

大孔玉珠 1 颗

绿色玉线：30cm1 根

黄色玉线：30cm1 根

粉红色玉线：30cm1 根

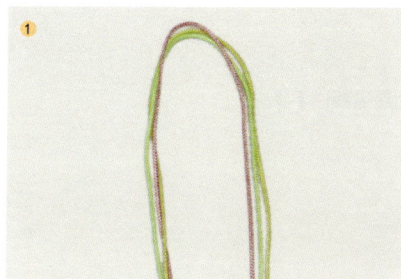

制作过程

1~2. 将 3 根不同颜色的玉线对折编两股辫。

3. 编到合适的长度结尾处编 1 个纽扣结。

4. 剪掉余线烧黏。

5. 将大孔玉珠穿在中间。

6. 作品完成。

转运蛇结脚链 ⋮⋮⋮⋮

绝美蛇结脚链，寻找花的娇媚，心甘情愿让幸福锁住手脚。

材料：

绿色玉珠 1 颗

红色 6 号线：50cm1 根

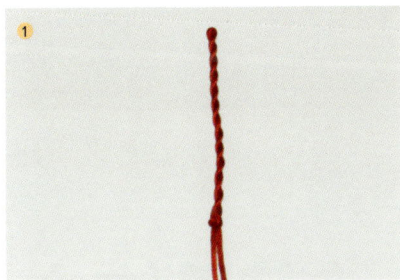

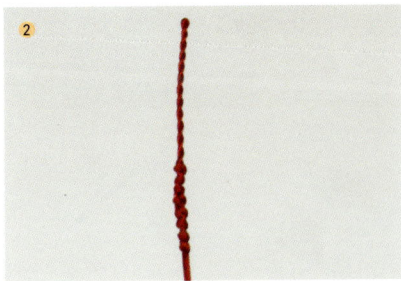

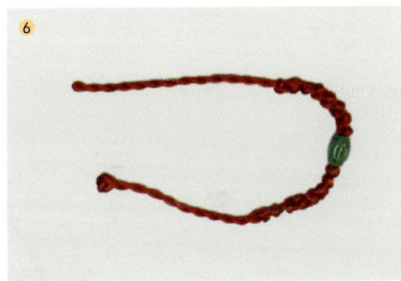

制作过程

1. 将 1 根 50cm 长的红色 6 号线对折搓 3cm 左右的绳子。

2. 继续编 8 层左右的蛇结。

3. 穿上 1 颗绿色玉珠。

4. 再编 8 层左右的蛇结。

5. 再搓 3cm 左右的绳子编 1 个纽扣结。

6~7. 剪掉余线烧黏，作品完成。

>> 结艺美饰之
特色饰品

红叶发簪 ·······

曾几时，那火红的色彩被人们遗忘？

曾几时，不再从画家的作品上看到那艳丽的色彩？

曾几时，没有再次听到关于那美丽枫叶的传说？

材料：

DIY 发棍 1 根　花托 1 枚　珠子 1 颗　热熔胶棒

红色 7 号线：100cm6 根

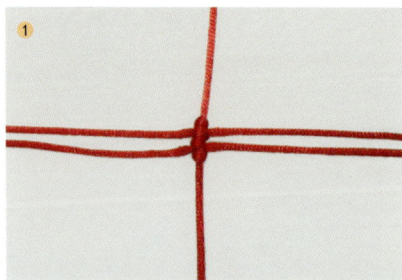

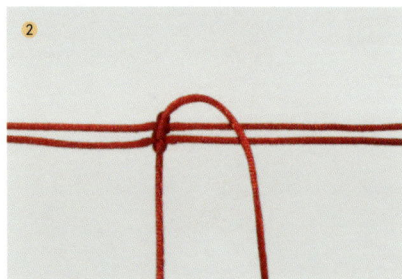

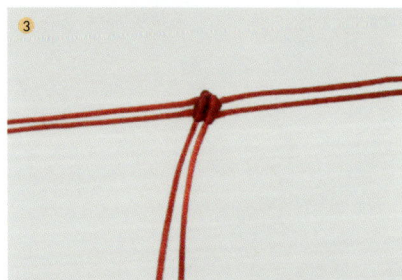

制作
过程

1. 取 3 根 100cm 长的红色 7 号线，其中 2 根绕编在另一根线上。

2~3. 将上端轴线往下拉继续做轴编 1 圈斜卷结。

4~5. 将两边的绕线往下拉做轴，编 1 层斜卷结。

6. 另取 1 根 100cm 长的红色 7 号线绕编在两轴线上。

7~8. 将上端轴线往下拉继续做轴编 1 圈斜卷结。

9. 以此类推，重复步骤 6、7，加上 2 根 100cm 长的红色 7 号线编到第 5 层。

10. 将上端轴线往下拉继续做轴编 1 圈斜卷结。

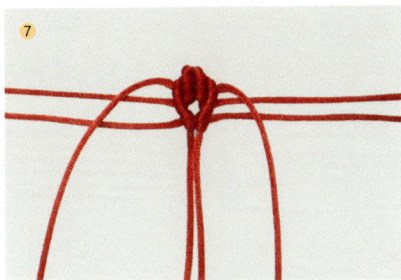

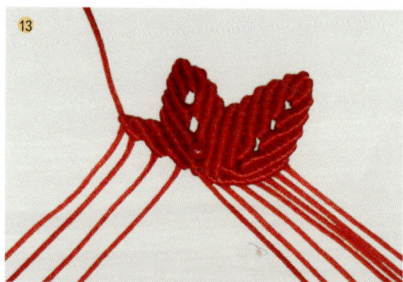

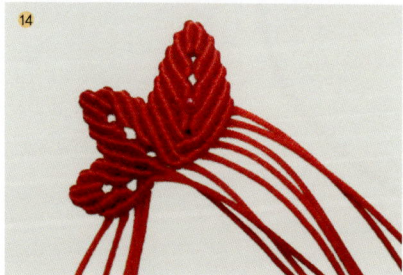

11. 将上端轴线往下拉继续做轴编 1 圈斜卷结。

12. 翻过来继续如图编好。

13~14. 继续编 2 个小叶片。

15. 另外一边也编 2 个小叶片。

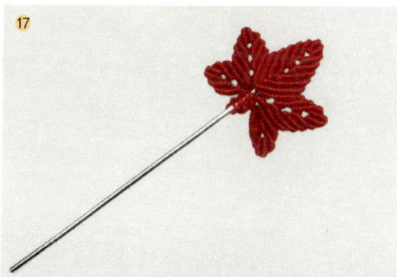

16. 中间留下 4 根线，其余剪掉烧黏。
17. 另取 1 根发棍，编 5 到 6 层双平结。
18. 用热熔胶粘上花托。
19. 花托上粘上珠子，作品完成。

红叶耳环 ·······

火红的叶子与晶莹的白珠，再搭配精致的叶托，打造出精美、华丽的耳环。

材料：

耳环配件各 2 个（银饰耳勾、小银环、珠子、细银链）

红色 7 号线：50cm12 根

锥形花叶托 2 个

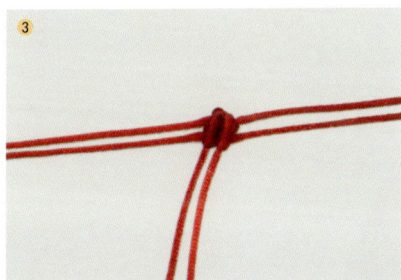

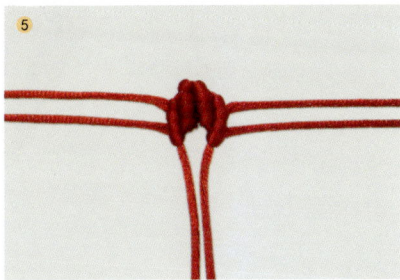

制作过程

1. 取 3 根 50cm 红色 7 号线，其中 2 根绕编在另一根线上（都取中间）。

2~3. 将上端轴线往下拉继续做轴编 1 圈斜卷结。

4~5. 将两边的绕线往下拉做轴，编 1 层斜卷结。

6. 另取 1 根 50cm 长的红色 7 号线绕编在两轴线上。

7~8. 将上端轴线往下拉继续做轴编 1 圈斜卷结。

9. 以此类推，重复步骤 6、7、8，再加 2 根 50cm 长的红色 7 号线编到第 5 层。

10. 剪断余线烧黏，用同样方法再编 1 个。

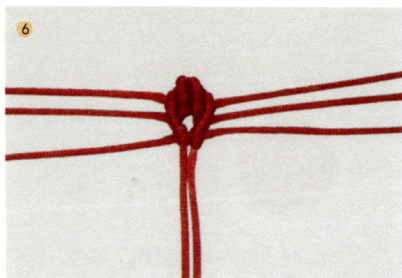

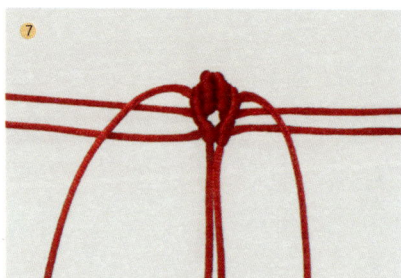

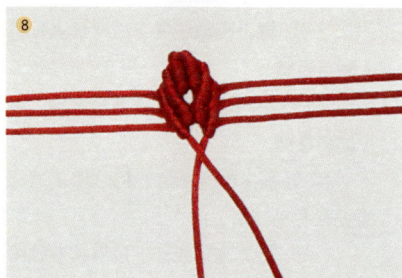

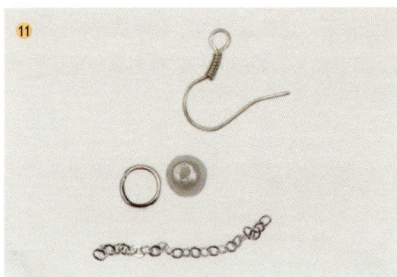

11. 准备做耳环的配件。

12~14. 如图穿上配件。

15. 加入花托，压紧，作品完成。

红叶项链 ·······

　　传说，在枫叶落下之前就接住枫叶的人会得到幸运，而能亲眼目睹枫叶成千成百落下的人可以在心底许下一个心愿，在将来就会实现。如果能与心爱的人一起看到枫叶飘落，两人就可以永远不分开。

材料:

白色珍珠 6 颗

红色 7 号线：150cm5 根

制作过程

1. 取 3 根 150cm 红色 7 号线，其中 2 根绕编在另一根线上。

2~3. 将上端轴线往下拉继续做轴编 1 圈斜卷结。

4~5. 将两边的绕线往下拉做轴，编 1 层斜卷结。

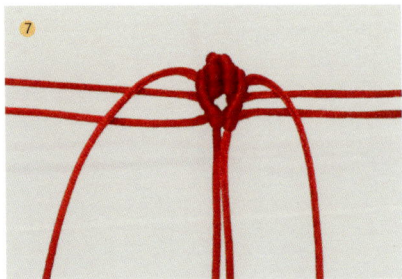

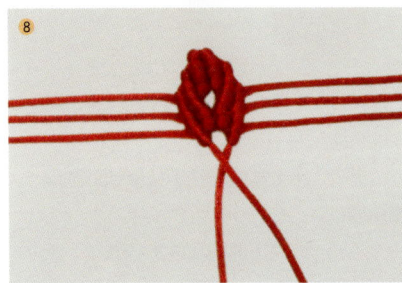

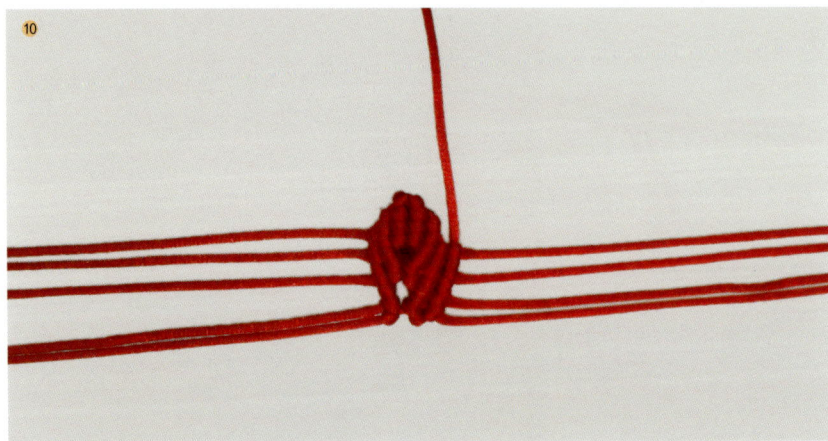

6. 另取 1 根 150cm 长的红色 7 号线绕编在两轴线上。

7~8. 将上端轴线往下拉继续做轴编 1 圈斜卷结。

9~10. 再取 1 根 150cm 长的红色 7 号线绕编在两轴线上，然后轴线往下拉，继续编 1 层斜卷结。

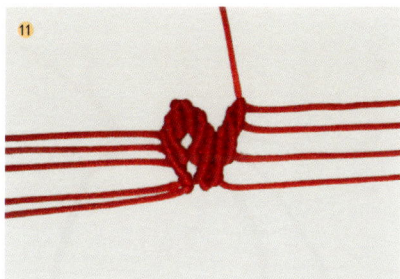

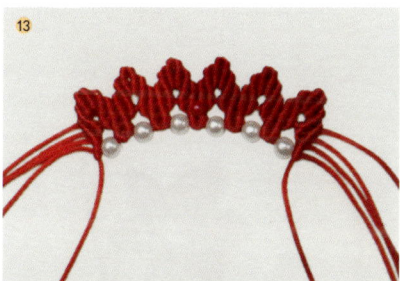

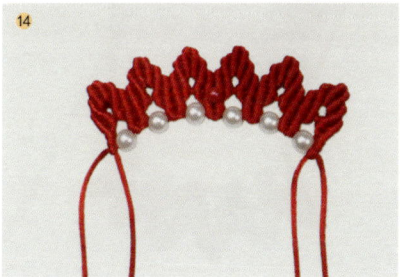

11. 编轴线如图依次往下拉，继续编1片。

12. 叶片中间加1颗珠子。

13. 用同样方法编6片。

14. 除图中的线外，其余剪掉烧黏。

15～16. 用余线编两股辫子，最后挽个结固定。

17. 如图相互挽结。

18~19. 剪掉余线烧黏，作品完成。

玫瑰发夹 ·······

你曾说过带我去梦中的天涯，漫山遍野盛开爱的玫瑰花，映红我美丽的脸颊，长长的牵挂，唱着歌儿天边飞来了彩霞。花儿香在春秋和冬夏，我愿陪着你海角和天涯，幸福的人一定等到爱的玫瑰花。

材料：

DIY 发夹 1 个　小珠子 3 颗　热熔胶棒

红色 5 号线：50cm3 根　20cm3 根

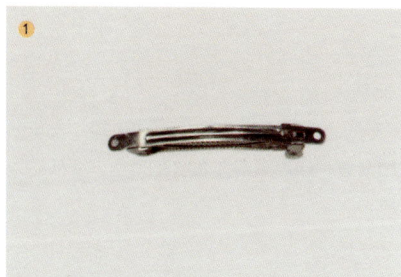

制作过程

1~2. 准备发夹1个，用3根50cm长的红色5号线编3层的梅花结3个；用3根20cm长的红色5号线编2层的梅花结3个，准备珠子3颗。

3~6. 用热熔胶将准备好的梅花结依次粘上。

7. 作品完成。

玫瑰发绳

将中国结搭配普通的发绳就能轻松做出原创的发饰哦，漂亮的玫瑰发绳，装扮出甜美可爱的风格。

材料：

DIY 发夹 1 个　小珠子 1 颗　热熔胶棒

红色 5 号线：50cm1 根　20cm1 根

制作过程

1. 准备发绳 1 个。

2. 用 50cm 长的红色 5 号线编 3 层的梅花结 1 个；用 20cm 长的红色 5 号线编 2 层的梅花结 1 个，准备珠子 1 颗。

3. 用热熔胶将准备好的梅花结依次粘上，作品完成。

琵琶结耳坠 ::::::

时尚的服饰，精美的容妆，能让你看上去焕然一新，但是一副别致素雅的耳坠，却能让你顿时眼前一亮，因为耳坠是具有魔法力量的点缀精灵。

材料：

金属圈 2 个　DIY 耳钩 2 个

深红色 5 号线：50cm2 根

制作过程

1. 用 1 根 50cm 长的 5 号线编 1 个六耳团锦结，余线如图固定编琵琶结。

2~4. 主线继续如图走线。

5. 剪去余线烧黏。

6~7. 用同样方法再做 1 个，将金属圈、耳钩固定好，作品完成。

琵琶结发簪 ········

发簪对于现代女性来说是一个古老的名词，人们总是能被它们点缀出的精致效果所折服。

材料：

DIY 发棍 1 根　白色珍珠 4 颗　热熔胶棒

深红色 5 号线：50cm5 根　20cm2 根

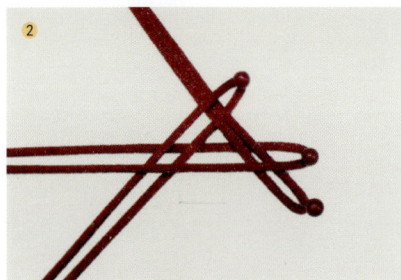

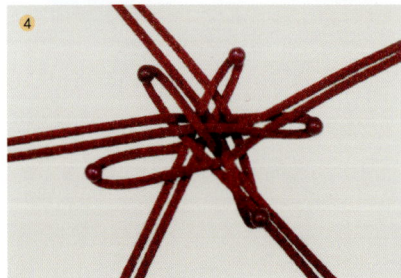

制作
过程

1. 编发簪。准备 5 根 50cm 长的深红色 5 号线。将线对折，1 根从另一根中穿过。

2. 另取 1 根对折，从之前的 2 根线中穿过。

3. 第 4 根线对折后从第 2、第 3 根线中穿过。

4. 最后 1 根线包住第 3、第 2 根线从第 1、第 4 根中间穿过。

5. 将线拉紧，每根线一端长于另一端。

6~7. 如图编 4 组琵琶结。

8. 分别在余线烧断处粘上 1 颗珠子。

9~10. 另取 1 根 20cm 长的深红色 5 号线做 2 层梅花结，并如图粘好。

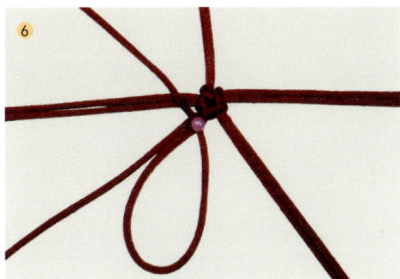

11~12. 再做 1 个 2 层梅花结抽成球状，粘到花中间。

13. 将做好的结固定在发棍上，发簪完成。